VERENA JANSSEN, MANFRED BEDEN

Arbeits-zeugnisse

Richtig deuten – perfekt formulieren

Inhalt

Zeugnis
in Perfektion –
Gliederung und Inhalt

1

2

3

Alle Textbausteine im Überblick

Vorwort

Liebe Leserin, lieber Leser,

in einer Zeit, in der Arbeitsplätze rar sind und sich oftmals mehr als 100 Personen auf eine freie Stelle bewerben, kommt dem Arbeitszeugnis eine immer größere Bedeutung zu. Denn schnell kann das Zeugnis zum K.o.-Kriterium werden, wenn es sich als schlecht, ungereimt oder widersprüchlich erweist, wenn es Raum für Spekulationen lässt oder einfach nur nichts sagend ist.

Prüfen Sie Ihr Zeugnis daher sehr genau und haben Sie keine Hemmungen, es zu reklamieren, wenn Ihre Tätigkeit, Leistung oder Ihr Verhalten falsch dargestellt wurden. Dürfen Sie Ihr Zeugnis selbst schreiben, nutzen Sie diese einmalige Chance. Dieses Buch hilft Ihnen dabei und zeigt anschaulich und praxisnah, worauf Sie achten müssen und wie Sie Fehler vermeiden. Es versetzt Sie in die Lage, ein individuelles, aussagekräftiges und professionelles Zeugnis zu erstellen beziehungsweise Ihr Zeugnis sicher zu interpretieren.

Verena Janßen
und
Manfred Beden

Alles, was
»Recht« ist

1

→ Zeugnisse haben in der Arbeitswelt eine erhebliche Bedeutung und doch ist dazu nur wenig gesetzlich geregelt. Gut, wer da seine Rechte kennt. Denn trotz vieler Urteile bleibt das Zeugnis eine Rechtsmaterie, die selbst den Kenner immer fragen und zweifeln lässt. Einige dieser Unsicherheiten beseitigt dieses Kapitel, indem es Ihnen einen Überblick über Ihre Rechte gibt.

Rechtliche Grundlagen –
und was daraus folgt

Im Arbeitsrecht fehlt ein einheitliches Gesetzbuch, in dem die gesamten Vorschriften, die diesen Bereich betreffen, enthalten sind. Arbeitsrecht ist oft Richterrecht, weil der Gesetzgeber viele Rechtsfragen einfach nicht geregelt hat – und die entstehenden Lücken beschäftigen dann die Arbeitsgerichte.

Zum Zeugnis finden sich nur wenige gesetzliche Regelungen: § 630 Bürgerliches Gesetzbuch (BGB) regelt den Zeugnisanspruch im Dienstvertragsrecht, dem auch Arbeitsverhältnisse unterliegen. Einige spezialgesetzliche Regelungen sind in § 73 Handelsgesetzbuch (HGB) für kaufmännische Angestellte, in § 113 Gewerbeordnung (GewO) für gewerbliche Arbeitnehmerinnen und Arbeitnehmer und in § 8 Berufsbildungsgesetz (BBiG) für Auszubildende zu finden. Andere gesetzliche Vorschriften zum Zeugnis gibt es nicht.

Neben diesen gesetzlichen Regelungen und den schon erwähnten richterlichen Entscheidungen sind im Arbeitsbereich noch die Tarifverträge zu berücksichtigen. Die Schwierigkeit besteht allerdings oft darin, festzustellen, ob ein Arbeitsverhältnis einem Tarifvertrag unterliegt, der Rechtsfragen des Zeugnisses regelt. Die Regelungen eines Tarifvertrages gelten nämlich grundsätzlich nur für die Arbeitsverhältnisse, die dem zeitlichen, räumlichen, betrieblichen, fachlichen und persönlichen Geltungsbereich des Tarifvertrages unterliegen.

Das bedeutet: Da Tarifverträge zeitlich befristet sind, muss das Arbeitsverhältnis in dessen Laufzeit fallen. Ein beendeter Tarifvertrag gilt so lange fort, bis ein neuer Tarifvertrag geschlossen wird. Für das Zeugnis ist ein Tarifvertrag also zeitlich nur anwendbar, wenn der Zeitpunkt der Zeugnisauseinandersetzung in die Laufzeit des Tarifvertrages oder in dessen Nachwirkungszeitraum fällt. Der räumliche Geltungsbereich betrifft das Tarifgebiet, zum Beispiel Nordrhein-Westfalen, in dem der jeweilige Tarifvertrag gilt.

Die weiteren Kriterien des betrieblichen, fachlichen und persönlichen Geltungsbereichs gehen fließend ineinander über. Der betriebliche Geltungsbereich bezieht sich darauf, dass Tarifverträge üblicherweise für bestimmte Branchen abgeschlossen werden. Der Tarifvertrag gilt dann nur für diesen Wirtschaftszweig. Die verschiedenen Arten der Arbeit, zum Beispiel in der Unterscheidung zwischen technischen und kaufmännischen Angestellten, werden im fachlichen Geltungsbereich untergliedert. Dabei gilt das Industrieverbandsprinzip (ein Betrieb – eine Gewerkschaft); dementsprechend sind alle Arbeitnehmer eines Betriebs ohne Rücksicht auf ihre konkrete Tätigkeit einer einzigen Gewerkschaft zugeordnet. Der persönliche Geltungsbereich stellt auf persönliche Merkmale der Arbeitnehmer (zum Beispiel Eingruppierung in Lohn- und Gehaltsgruppen) ab.

Ist ein Tarifvertrag gefunden, der diese Voraussetzungen erfüllt, gilt dieser jedoch nicht automatisch für jedes Arbeitsverhältnis. Notwendig ist entweder die so genannte Tarifbindung oder die Einbeziehung des Tarifvertrags aufgrund des Arbeitsvertrags. Eine Tarifbindung liegt vor, wenn sowohl der Arbeitgeber als auch der Arbeitnehmer Mitglied der jeweiligen Organisationen sind (Arbeitgeberverband und Gewerkschaft), die den Tarifvertrag abgeschlossen haben. Tarifbindung liegt aber auch vor, wenn der entsprechende Tarifvertrag durch den Bundesminister für Arbeit und Sozialordnung für allgemein verbindlich erklärt worden ist.

Auch der Arbeitsvertrag kann auf den Tarifvertrag verweisen, dann werden die entsprechenden Tarifbestimmungen Bestandteil des Arbeitsvertrags. Nur in seltenen Fällen finden sich in den Arbeitsverträgen selbst Regelungen zum Zeugnis.

Anspruch auf ein Zeugnis

Die klassischen Formen der Zusammenarbeit zwischen Arbeitgebern und Arbeitnehmern werden immer seltener. Leiharbeitsverhältnisse, Telearbeit, Arbeit auf Abruf, geringfügige Beschäftigung und freie Mitarbeit zeigen das Bedürfnis auf, mit flexiblen Beschäftigungsformen auf die sich verändernde Arbeitswelt zu reagieren. Besteht nun in allen diesen Beschäftigungsverhältnissen ein Anspruch auf ein Zeugnis?

Mindestdauer des Arbeitsverhältnisses

Ein Zeugnis können Sie beanspruchen, wenn ein dauerndes Dienstverhältnis gekündigt wurde – so die Vorschrift in § 630 BGB. Demnach können alle Arbeitnehmer ein Zeugnis beanspruchen, deren Arbeitsverhältnis zumindest so lange gedauert hat, dass der Arbeitgeber in der Lage ist, die fachlichen und persönlichen Qualitäten des Arbeitnehmers zu beurteilen. Also steht der Zeugnisanspruch uneingeschränkt allen Arbeitnehmern zu, deren Beschäftigung die notwendige Dauer erreicht hat, unabhängig davon, ob sie in Telearbeit, Teilzeit, als geringfügig Beschäftigte, als Leiharbeitnehmer oder auf Probe tätig sind.

Erreicht das Arbeitsverhältnis die erforderliche Dauer nicht, bleibt immerhin der Mindestanspruch auf ein einfaches Zeugnis. Wie lange das Arbeitsverhältnis gedauert haben muss, damit Sie Anspruch auf ein qualifiziertes Zeugnis haben, ist nicht gesetzlich vorgeschrieben. Grundsätzlich dürfte es sich aber um eine Dauer von wenigstens eini-

TIPP

Von Anfang an

→ Die speziellen gesetzlichen Regelungen für kaufmännische Angestellte, gewerbliche ArbeitnehmerInnen und Auszubildende sehen keine Mindestdauer vor, die das Arbeitsverhältnis bestanden haben muss. Für sie gilt der Zeugnisanspruch bereits ab dem ersten Tag.

gen Wochen handeln. Es gibt jedoch auch Ausnahmen: In einem Einzelfall hat ein Gericht entschieden, dass bereits zwei Tage ausreichen.

Arbeitnehmerähnlich Beschäftigte

Wieder anders zu beurteilen sind die Dienstverhältnisse, die keine Arbeitsverhältnisse sind. Während arbeitnehmerähnlichen Personen –
das sind zum Beispiel Hausgewerbetreibende, Heimarbeiter und Han-
delsvertreter mit geringem Einkommen – der Zeugnisanspruch zuge-
standen wird, ist er bei anderen Dienstverhältnissen umstritten. Freien
Mitarbeitern wird dieser Anspruch nach überwiegender Meinung gewährt. Für die Scheinselbstständigkeit stellt sich diese Abgrenzungs-
frage nicht, da Scheinselbstständige Arbeitnehmer sind und ihnen
deshalb der Zeugnisanspruch zusteht. Dagegen wird Vertretern juristischer Personen, also Vorstandsmitgliedern und Geschäftsführern, die
aufgrund ihrer Geschäftsanteile beherrschenden Einfluss auf die Gesellschaft ausüben können, der Zeugnisanspruch versagt, da man sie
nicht als Arbeitnehmer ansieht. Lediglich dem Fremdgeschäftsführer
steht ein Zeugnisanspruch zu.

Damit Sie Anspruch auf ein Zeugnis erheben können, muss Ihr Arbeitsverhältnis beendet sein. Während das Bundesarbeitsgericht sich strikt
an diese gesetzliche Vorgabe hält und den Zeugnisanspruch erst mit
Ablauf der Kündigungsfrist zugesteht, gehen verschiedene juristische
Autoren davon aus, dass der Arbeitnehmer sich möglichst schnell bei
einem neuen Arbeitgeber bewerben will. Sie bejahen, den Anspruch
schon ab dem Zeitpunkt der Kündigung zu gewähren. Wird ein Arbeitnehmer fristlos gekündigt, kann er sein Zeugnis sofort einfordern.

In vielen Fällen wehrt sich der Arbeitnehmer gegen die vom Arbeitgeber
ausgesprochene Kündigung mit einer Kündigungsschutzklage vor
dem Arbeitsgericht. In einem solchen Fall steht, während die Klage
läuft, nicht fest, ob die Kündigung rechtmäßig ist oder der Kläger
weiterhin beim Arbeitgeber beschäftigt bleibt. Anspruch auf ein Zeug-

nis hat der Arbeitnehmer in diesem Fall trotzdem. Dies ist wichtig für ihn, da der überwiegende Teil der Kündigungsschutzverfahren mit einem Vergleich und einer Abfindung und nicht mit der Weiterbeschäftigung endet. Meist will beziehungsweise muss sich der Arbeitnehmer also bereits während des Verfahrens bei einer anderen Firma bewerben.

Zwischenzeugnis

In Ausnahmefällen können Sie auch während eines Arbeitsverhältnisses ein Zeugnis verlangen. Obwohl dieser Anspruch gesetzlich nicht vorgesehen ist, ergibt er sich aus der allgemeinen arbeitsvertraglichen Treuepflicht. Diese Pflicht resultiert

aus der starken persönlichen Beziehung zwischen Arbeitgeber und Arbeitnehmer, die sich aus der gemeinsamen Arbeitsleistung ergibt. Während der Arbeitnehmer dem Arbeitgeber Treue schuldet, schuldet dieser umgekehrt Fürsorge. Aus dieser Fürsorgeverpflichtung kann der Arbeitgeber dem Arbeitnehmer ein so genanntes Zwischenzeugnis schulden. Sie haben also ein Recht auf ein Zwischenzeugnis. Dieser Anspruch entsteht bei jeder Änderung des Arbeitsverhältnisses, die ein Bedürfnis des Arbeitnehmers begründet, ein Zeugnis anzufordern. Ein solches Bedürfnis kann sich zum Beispiel durch den Wechsel eines Vorgesetzten oder durch die Kündigungsabsicht des Arbeitnehmers ergeben (→ Zeugnisarten und -inhalte, Seite 20 ff.).

Wer schreibt und wer darf unterschreiben?

Das Zeugnis muss grundsätzlich der Arbeitgeber erstellen und unterschreiben. Er ist aber berechtigt, diese Verpflichtung einem bei ihm angestellten Vertreter zu übertragen, der dann das Zeugnis im Namen des Arbeitgebers ausstellt. Der Chef darf diese Aufgabe aber nicht an einen Betriebsfremden delegieren; Berater des Arbeitgebers wie Anwalt oder Steuerberater dürfen Ihr Zeugnis also nicht ausstellen. Betriebsfremde Personen können einen Entwurf im Auftrag des Arbeitgebers formulieren, der aber in jedem Fall vom Arbeitgeber oder einem betriebsinternen Vertreter zu unterzeichnen ist.

Betriebsinterne Vertreter

Beauftragt der Arbeitgeber einen betriebsinternen Vertreter, muss dieser erkennbar ranghöher sein als derjenige, dessen Zeugnis er ausstellt. Auch wenn in der Praxis Arbeitszeugnisse meist vom Personalleiter oder in kleineren Betrieben von der Geschäftsführung unterschrieben werden, besteht jedoch kein rechtlicher Anspruch auf die Unterschrift dieser Personen, wenn ein anderer ranghöherer Mitarbeiter das Zeugnis unterschrieben hat. Nur direkt der Geschäftsleitung unterstellte Personen können verlangen, dass diese das Zeugnis unterzeichnet.

Im Falle der Insolvenz

Im Insolvenzverfahren ist der Insolvenzverwalter nach Eröffnung des Verfahrens rechtlich zur Ausstellung des Zeugnisses

> ## TIPP
>
> ### Handeln Sie einfach
>
> → Wenn Sie ein Zwischenzeugnis anfordern möchten, sollten Sie das nicht davon abhängig machen, ob tatsächlich ein Anspruch besteht oder nicht. In der Regel wird der Arbeitgeber Ihrer Bitte entsprechen. Bedenken Sie: Im Konfliktfall ist ein solches Zeugnis oft Gold wert.

verpflichtet. Dies führt zu unbefriedigenden Ergebnissen, da der Insolvenzverwalter die Leistung des Arbeitnehmers meist gar nicht beurteilen kann. Der insolvent gewordene Arbeitgeber, der die Leistung bewerten könnte, ist rechtlich nicht mehr zuständig. Hier ist der Insolvenzverwalter auf ehemalige Vorgesetzte, den Personalleiter oder die frühere Geschäftsführung angewiesen. Gelingt es ihm nicht, eine dieser Personen hinzuzuziehen, wird er nur ein einfaches Zeugnis ohne Führungs- und Leistungsbewertung erstellen können.

Sind die Vorgesetzten, die Ihre Leistungen beurteilen könnten, nicht mehr im Unternehmen tätig oder tun sich die in Frage kommenden Personen mit der Erstellung des Zeugnisses schwer, scheuen Sie sich nicht, selbst zu Papier und Stift zu greifen. Formulieren Sie einen eigenen Zeugnisentwurf, den Sie dem Arbeitgeber zur Unterschrift vorlegen. So können Sie Ihr Zeugnis optimal gestalten und müssen es nicht später mühsam korrigieren lassen, wenn Ihre Leistungen nicht zutreffend beurteilt worden sind.

Wann Ihr Anspruch verfällt

Wie alle Ansprüche unterliegt auch der Zeugnisanspruch der Verjährung. Früher spielte die Verjährungsfrist praktisch keine Rolle, da sie 30 Jahre betrug. Heute sieht das allerdings anders aus: Durch das Gesetz zur Modernisierung des Schuldenrechts, das zum 01. 01. 2002 in Kraft getreten ist, sind auch die Verjährungsvorschriften in einigen Punkten entscheidend verändert worden.

Verjährung

Die Verjährungsfrist von 30 Jahren wurde drastisch auf drei Jahre verkürzt, so dass künftig auch bei Zeugnisansprüchen die Verjährung eine größere Rolle spielen kann. Wenn Sie sich rechtzeitig um Ihr Zeugnis kümmern, ist die dreijährige Frist aber vollkommen ausreichend. Die Verjährungsfrist beginnt nämlich erst mit dem Ende des Jahres, in dem der Anspruch entstanden, also das Arbeitsverhältnis beendet worden ist.

Darüber hinaus hat der Gesetzgeber ein subjektives Element bei der Verjährung eingefügt. Neuerdings hängt der Beginn der Verjährung davon ab, wann der Arbeitnehmer von der Beendigung des Arbeitsverhältnisses wusste und ob er die Person des Arbeitgebers kannte. Trotz dieser subjektiven Seite kann die Verjährung nicht auf unabsehbare Zeit hinausgeschoben werden. Spätestens zehn Jahre nach dem Ende des Arbeitsverhältnisses verjährt der Anspruch unabhängig davon, ob der Arbeitnehmer seinen Chef kannte oder um die Beendigung wusste.

Verwirkung

Neben der Verjährung unterliegen Zeugnisansprüche auch der Verwirkung. Verwirkung im juristischen Sinn bedeutet, dass ein Anspruch nicht mehr eingefordert werden kann, weil ein nicht unerheblicher Zeitraum verstrichen ist. Darüber hinaus müssen noch Umstände ein-

TIPP

Auf Nummer sicher

→ Die Verwirkung für den Zeugnisanspruch und den Zeugnisberichtigungsanspruch setzt früh ein. Ein Gericht entschied in einem Einzelfall, dass bereits zehn Monate ausreichen. Auch tarifliche Ausschluss- und Verfallfristen erweisen sich oft als Falle, da sie meist nur kurz sind. Zudem liegen die entsprechenden Tarifwerke oft weder dem Arbeitnehmer noch seinem Berater vor. Verlangen Sie daher unmittelbar nach Beendigung des Arbeitsverhältnisses Ihr Zeugnis. Tun Sie dies schriftlich und nachweisbar. Nur so können Sie vermeiden, dass Ihr Anspruch verfällt.

getreten sein, die denjenigen, der den Anspruch erfüllen muss, vertrauen lassen dürfen, dass die Ansprüche gegen ihn nicht mehr weiter verfolgt werden. Aufgrund der Verwirkung kann der Anspruch bereits vor Ablauf der Verjährungsfrist nicht mehr durchsetzbar sein. In Einzelfällen haben Arbeitsgerichte die Verwirkung des Zeugnisanspruchs bereits nach einigen Monaten angenommen. Die Gefahr der Verwirkung gilt jedenfalls für qualifizierte Zeugnisse, da diese nicht mehr gefordert werden können, wenn sich der Arbeitgeber nicht mehr konkret genug an das Führungs- und Leistungsverhalten des Arbeitnehmers erinnern kann. Dagegen können Sie ein einfaches Zeugnis noch verlangen, solange die Personalunterlagen im Betrieb aufbewahrt werden.

Fristen im Tarifvertrag

Gilt für das entsprechende Arbeitsverhältnis ein Tarifvertrag, sind tarifliche Ausschluss- und Verfallfristen zu beachten. Es ist allerdings im Einzelfall zu prüfen, ob diese Fristen auch den Zeugnisanspruch erfassen. Ausschluss- und Verfallfristen können auch im Arbeitsvertrag vereinbart werden. Sie sind wirksam, weil sie nicht den Zeugnisanspruch als solchen ausschließen, was unwirksam wäre, sondern nur die Durchsetzbarkeit vor Gericht zeitlich begrenzen. Im öffentlichen Dienst gilt dagegen auch für den Zeugnisanspruch die Verfallfrist von sechs Monaten (§ 70 Abs. 2 BAT).

Verzicht

Nach der Beendigung des Arbeitsverhältnisses können Sie auf den Zeugnisanspruch verzichten. Eine Ausgleichsquittung (gegenseitige Erklärung, dass aus dem beendeten Arbeitsverhältnis keine Ansprüche mehr bestehen) gilt aber normalerweise nicht für den Zeugnisanspruch – der bleibt also innerhalb der Verfallfrist bestehen.
Die geschilderten Umstände gelten sowohl für den Anspruch auf Erteilung eines Zeugnisses als auch für den Anspruch auf Berichtigung.

Das Zeugnis ist erstellt: rechtliche Folgen

Das Erstellen eines Zeugnisses ist ein Rechtsgeschäft und deshalb für den Aussteller mit rechtlichen Konsequenzen verbunden. Sowohl für den Aussteller als auch für den Arbeitnehmer, dessen Person bewertet wird, ist es wichtig, die Folgen zu kennen. Nur dann können beide Seiten frühzeitig absehen, welche Risiken und Chancen mit ihren Handlungen verbunden sind.

Bindungswirkung

Der Arbeitgeber ist, nachdem er das Zeugnis erstellt hat, an seine Aussagen zur Führungs- und Leistungsbeurteilung des Arbeitnehmers gebunden. Ein Widerruf ist nur bei schwerwiegenden Unrichtigkeiten, die auf Tatsachen beruhen, möglich. Hat der Arbeitgeber das Zeugnis bewusst unrichtig ausgestellt, ist der Widerruf ausgeschlossen, da er damit gegen Treu und Glauben verstieße.

Diese Bindungswirkung kann für Sie ganz entscheidend sein! Will der Arbeitgeber Ihnen zum Beispiel aus verhaltensbedingten Gründen kündigen und hat Ihnen kurz zuvor ein Zeugnis erteilt, in dem Sie hervorragend bewertet wurden, so ist die Kündigung unwirksam, weil dem Arbeitgeber die Weiterbeschäftigung eines Arbeitnehmers mit hervorragender Leistungsbewertung nicht unzumutbar sein kann. Auch in Höhergruppierungsprozessen ist der Arbeitgeber an seine im Zeugnis getätigten Aussagen gebunden.

Auskunft an Dritte

Das Zeugnis allein reicht Arbeitgebern in manchen Fällen nicht aus, um eine Entscheidung zur Einstellung eines Arbeitnehmers zu treffen. Dies ist bei wichtigen Personalentscheidungen häufig der Fall. Denn da der Arbeitgeber verpflichtet ist, ein wohlwollendes Zeugnis zu erstellen, fehlen in Zeugnissen naturgemäß negative Beurteilungen oder aber sie werden geschönt. Die Folge ist oft, dass der mögliche neue Arbeitgeber zum Telefonhörer greift und den alten Arbeitgeber anruft, um weitere Informationen über den Arbeitnehmer zu erhalten. Da diese Gespräche in aller Regel vertraulich geführt werden, entziehen sie sich überwiegend der rechtlichen Kontrolle.

Der ehemalige Arbeitgeber ist berechtigt, nach Beendigung des Arbeitsverhältnisses Dritten Auskunft zu geben, wenn diese ein berechtigtes Interesse an der Auskunft haben. Dieses trifft für den neuen Arbeitgeber zu. Die Auskünfte, die der ehemalige Arbeitgeber erteilt, müssen wahr sein, unterliegen aber nicht der Verpflichtung zur wohlwollenden Beurteilung. Der befragte Arbeitgeber ist somit an die im Zeugnis verwendeten Klauseln nicht gebunden und kann zusätzliche Informationen weitergeben.

Die Grenze des Auskunftsrechts bestimmt das Persönlichkeitsrecht des Arbeitnehmers – er darf nicht diffamiert oder herabgesetzt werden. Auf Ihr Verlangen hin ist der Arbeitgeber verpflichtet, Sie über die erteilten Auskünfte zu unterrichten, um Ihnen die Möglichkeit zu geben, eine möglicherweise falsche Aussage zu berichtigen.

Eine Verpflichtung des ehemaligen Arbeitgebers zur Auskunft besteht nicht, es sei denn, er hat sich Ihnen

TIPP

Sichern Sie sich ab

→ Wollen Sie verhindern, dass Ihr ehemaliger Arbeitgeber Auskünfte über Sie erteilt, treffen Sie mit ihm eine Vereinbarung, die ihm das untersagt oder ihm nur erlaubt, bestimmte Informationen weiterzugeben. Soll ein Aufhebungsvertrag geschlossen werden, ist es ratsam, darin auch zu regeln, dass Ihr bisheriger Arbeitgeber keine Auskünfte erteilen darf. Läuft eine Kündigungsschutzklage, so sollten Sie, wenn Sie sich in einem Vergleich einigen, ebenfalls eine entsprechende Regelung treffen.

gegenüber dazu verpflichtet. Das kommt gelegentlich vor, wenn der Arbeitnehmer einer Firma, bei der er sich beworben hat, diese zusätzliche Informationsquelle anbieten will.

Risiken des Arbeitgebers

Wenn Ihr Chef oder ein Vertreter Ihnen ein Zeugnis ausstellt, drohen ihm gleich von zwei Seiten Schadensersatzansprüche: Stellt er das Zeugnis nicht, verspätet oder mit zu negativem Inhalt aus, so muss er damit rechnen, dass Sie Schadenersatzansprüche geltend machen. Ist das Zeugnis hingegen zu gut, kann aufgrund der Fehlbewertung einem neuen Arbeitgeber, der sich auf diese Bewertung verlassen hat, ein Schaden erwachsen. Er wird sich sicher überlegen, ob er den Aussteller des Zeugnisses zur Verantwortung zieht.

Der Schadenersatzanspruch des Arbeitnehmers bei unterlassener oder verzögerter Zeugniserstellung ergibt sich seit der Modernisierung des Schuldrechtes aus den §§ 280 Abs. 2, 286 und 276 BGB. Der Haftungsfall tritt normalerweise dann ein, wenn Sie für Ihre Bewerbung auf eine neue Stelle das Zeugnis benötigen, Ihr ehemaliger Arbeitgeber aber die Erstellung des Zeugnisses verweigert oder verzögert. Damit verletzt Ihr Arbeitgeber seine arbeitsrechtliche Pflicht. Das Problem ist nur: SIE müssen den Schaden beweisen. Sie müssen in einem Prozess darlegen und beweisen können, dass Sie die neue Stelle nicht oder zu schlechteren Bedingungen erhalten haben, weil Sie kein Zeugnis hatten oder weil Sie Ihr Zeugnis nur verspätet vorlegen konnten. Da die Einstellung von vielen Faktoren abhängt, ist dieser Nachweis sehr schwer zu führen. Diese Schwierigkeit beim Nachweis ist auch der Grund, dass sich in der arbeitsgerichtlichen Rechtsprechung kaum Entscheidungen finden lassen, die dem Arbeitnehmer in diesen Fällen Schadenersatzansprüche zubilligen. Das pflichtwidrige Verhalten des Arbeitgebers kann deshalb weitgehend sanktionslos bleiben. Die gleiche Situation ergibt sich für Sie bei einem zu schlechten Zeugnis: Die

Beweislast liegt auch in diesem Fall bei Ihnen und der Ihnen durch eine zu schlechte Beurteilung entstandene Nachteil lässt sich ebenfalls nur schwer beweisen.

→ Die Rechtsgrundlage für Ansprüche des neuen Arbeitgebers gegen den Zeugnisaussteller ist nicht im Gesetz festgelegt, sondern von der Rechtsprechung entwickelt worden. Obwohl vertragliche Ansprüche zwischen diesen beiden nicht bestehen (sie haben ja keinen Vertrag geschlossen), hat der Bundesgerichtshof entschieden, dass derjenige, der ein Zeugnis erteilt, auch eine rechtsgeschäftliche Erklärung gegenüber dem Folgearbeitgeber abgibt. Aus dieser Erklärung lassen sich Schadenersatzansprüche ableiten. In schwerwiegenden Fällen kann auch ein Anspruch wegen schwerwiegender sittenwidriger Schädigung nach § 826 BGB in Betracht kommen. Bei unwahren Angaben geht der Zeugnisaussteller also ein beträchtliches Risiko in Bezug auf den nächsten Arbeitgeber ein. Das gilt jedenfalls dann, wenn dem nächsten Arbeitgeber durch den Arbeitnehmer, dessen Zeugnis unrichtig ist, ein Schaden erwächst und dieser Schaden auf die falsche Zeugniserstellung zurückzuführen ist. Während Sie Ihren Arbeitgeber nur dann wegen des Zeugnisses in Regress nehmen werden, wenn es zu schlecht ausgefallen ist, entsteht für den Folgearbeitgeber oft gerade dann der Schaden, wenn das Zeugnis zu gut ausfällt. Verlässt sich der Folgearbeitgeber auf eine gute Beurteilung und stellt sich später heraus, dass diese falsch ist, so ist der Ärger vorprogrammiert. In diesen Fällen ist die Beweissituation für den Folgearbeitgeber wesentlich günstiger, da ihm der Arbeitnehmer als Zeuge zur Verfügung steht.

Die dargestellten Haftungsrisiken zeigen den schmalen Grat auf, auf dem sich Ihr Arbeitgeber bewegt. Nicht selten hängt eine einvernehmliche Beendigung eines Arbeitsverhältnisses von einem guten Zeugnis ab. Um dem ausscheidenden Arbeitnehmer die Stellensuche zu erleichtern und ihn dadurch zum Abschluss eines Aufhebungsvertrages zu bewegen, wird Ihr Arbeitgeber geneigt sein, ein zu positives Zeugnis zu erstellen. Damit geht er jedoch gleichzeitig das Risiko ein, von dem Folgearbeitgeber in Regress genommen zu werden.

Hat Ihr Arbeitgeber Ihnen ein Zeugnis erteilt, ist er an den Inhalt gebunden, auch wenn er von dem Folgearbeitgeber in Regress genommen werden sollte. Verlangen Sie daher vor Unterzeichnung eines Aufhebungsvertrages Ihr Arbeitszeugnis. Solange der Aufhebungsvertrag von Ihnen nicht unterschrieben ist, können Sie ein gutes Zeugnis durchsetzen, das Ihnen bei der Bewerbung hilft.

Mehr als eine Möglichkeit –
Zeugnisarten
und -inhalte

Zeugnis ist nicht gleich Zeugnis. Neben dem qualifizierten Zeugnis, das die übliche Variante darstellt, gibt es noch das einfache und das Berufsausbildungszeugnis. Auch die Frage ob Zwischen-, End- oder vorläufiges Zeugnis ist von Belang. Stellt sich also nun die Frage: Worin unterscheiden sie sich? Was muss im jeweiligen enthalten sein? Und worauf sollten Sie achten?

Einfaches und qualifiziertes Zeugnis

Das einfache Zeugnis ist gesetzlich in § 630 Satz 1 BGB geregelt. In ihm sind nur die Art und Dauer der Beschäftigung anzugeben. Es soll dem Arbeitnehmer dazu dienen, seinen beruflichen Werdegang lückenlos nachweisen zu können. Die Art der Beschäftigung ist dabei umfassend und genau zu beschreiben, damit der neue Arbeitgeber anhand des Zeugnisses beurteilen kann, welche Tätigkeiten Sie im Rahmen Ihrer alten Position ausgeübt haben. Das einfache Zeugnis enthält neben den Angaben zu Leitungsbefugnissen auch Hinweise zu Vertretungsberechtigungen, wie etwa Prokura.

Hinsichtlich der Dauer der Beschäftigung ist nicht die tatsächliche, sondern die rechtliche Dauer, also das Ende der Kündigungsfrist, maßgebend. Der Kündigungsgrund gehört dagegen nicht in das Zeugnis. Der Anspruch auf Erteilung eines einfachen Zeugnisses besteht im Gegensatz zum Anspruch auf Erteilung eines qualifizierten Zeugnisses auch bei sehr kurzen Beschäftigungsverhältnissen, da die für das einfache Zeugnis erforderlichen Angaben einem Arbeitgeber immer möglich sind, während Angaben zum Führungs- und Leistungsverhalten eine gewisse Dauer des Arbeitsverhältnisses voraussetzen (→ Seite 9 f.).

Im Unterschied zum einfachen Zeugnis enthält das qualifizierte Zeugnis, definiert in § 630 Satz 2 BGB, zusätzliche Angaben zu Ihrer Leistung und zu Ihrem Verhalten. Zur Leistung des Arbeitnehmers gehören sein Fachwissen, seine Fähigkeiten, die Arbeitsweise und Arbeitsbereitschaft sowie der Arbeitserfolg. Arbeitnehmer, deren Position mit Personalverantwortung verbunden ist, sind darüber hinaus auch in ihrem Führungsverhalten zu beurteilen.

In der Beurteilung Ihrer persönlichen Führung spiegelt sich Ihr Sozialverhalten gegenüber Vorgesetzten, Kollegen und Dritten wider. Zunehmend werden auch die Persönlichkeit und Sozialkompetenz bewertet. Sowohl Leistung als auch Verhalten müssen unbedingt beurteilt werden, da das Zeugnis ein Gesamtbild von Ihnen als Arbeitnehmer vermitteln soll. Deshalb ist der Arbeitgeber verpflichtet, Ihre Leistungen während der gesamten Dauer des Arbeitsverhältnisses zu bewerten. Eine Momentaufnahme, zum Beispiel zum Zeitpunkt der Beendigung des Arbeitsverhältnisses, ist nicht erlaubt. Das Gesetz sieht vor, dass ein qualifiziertes Zeugnis nur auf ausdrückliches Verlangen des Arbeitnehmers zu erteilen ist.

Sie haben die Wahl

→ Verlangen Sie lediglich ein »Zeugnis«, so kann der Arbeitgeber Ihnen ein einfaches Zeugnis erteilen. Allerdings steht es Ihnen dann frei, das qualifizierte Zeugnis ebenfalls noch einzufordern. Der Arbeitgeber darf Ihnen dieses nicht mit dem Hinweis versagen, er habe bereits ein einfaches Zeugnis erteilt. Umgekehrt können Sie ein qualifiziertes Zeugnis zurückweisen, wenn Sie nur ein einfaches Zeugnis gefordert haben. Das Gesetz gibt Ihnen das Recht, zu wählen, welches Zeugnis Sie anfordern wollen. Hat der Arbeitgeber Ihnen allerdings bereits ein qualifiziertes Zeugnis erteilt, ist er nicht verpflichtet, Ihnen nachträglich auch noch ein einfaches Zeugnis auszustellen.

Das Berufsausbildungszeugnis

Das Ausbildungszeugnis ist normalerweise ein qualifiziertes Zeugnis. Sie erhalten es nach Abschluss Ihrer Ausbildung – unabhängig davon, ob Sie die Abschlussprüfung bestanden haben. Allerdings sind nach der Rechtsprechung Hinweise im Ausbildungszeugnis auf eine nicht bestandene Abschlussprüfung nicht erlaubt. Die Gerichte halten es für ausreichend, dass der Leser aus dem fehlenden Hinweis auf die bestandene Prüfung den Schluss ziehen kann, dass die Prüfung nicht mit Erfolg bestanden worden ist. Die Ausstellung eines einfachen Ausbildungszeugnisses muss auch ohne Ihre Aufforderung erfolgen. Zusätzlich zu den Angaben, die ein qualifiziertes Zeugnis enthält, sind zu nennen: das Ausbildungsziel, ob Sie es erreicht haben sowie erworbene Kenntnisse und Fähigkeiten. In das Berufsausbildungszeugnis gehören außerdem die Institution, die Ihre Abschlussprüfung abgenommen hat, und, zumindest wenn sie gut ausgefallen ist, die Note. Wenn Sie lediglich aus betrieblichen Gründen nicht übernommen werden konnten, sollte das ebenfalls erwähnt werden.

Zwischen- und Endzeugnis

Im Gegensatz zum Endzeugnis wird das Zwischenzeugnis – wie der Name schon sagt – vor der rechtlichen Beendigung des Arbeitsverhältnisses erstellt. Da ein Anspruch auf die Erstellung eines Zwischenzeugnisses gesetzlich nicht geregelt ist, hat sich die Rechtsprechung mit der Frage beschäftigt, wann ein solches Zeugnis verlangt werden kann. Demnach haben Sie Anspruch auf ein Zwischenzeugnis, wenn Sie einen triftigen, nachvollziehbaren Grund nennen können. Entsprechende Anspruchsvoraussetzungen finden sich auch in verschiedenen Tarifverträgen, zum Beispiel § 61 Abs. 2 BAT.

Zu Recht wird allerdings auch die Meinung vertreten, dass ein Anspruch auf ein Zwischenzeugnis ohne triftigen, nachvollziehbaren Grund gegeben sein muss: Wenn Sie beabsichtigen, sich bei einem anderen Arbeitgeber zu bewerben, wird das allgemein als Grund anerkannt, ein Zwischenzeugnis anzufordern, um es zusammen mit der Bewerbung vorlegen zu können. In diesem Fall liegt jedoch das Problem auf der Hand: Legen Sie Ihre Bewerbungsabsicht gegenüber Ihrem derzeitigen Arbeitgeber offen, dann müssen Sie damit rechnen, dass das Vertrauensverhältnis zu Ihnen zerstört, zumindest aber gefährdet wird. Da auf der anderen Seite jedoch für Sie ein berechtigtes Interesse an der Ausstellung eines Zwischenzeugnisses besteht, kann die Lösung nur darin liegen, das Zwischenzeugnis generell ohne Angabe eines Grundes zuzubilligen. Die Grenze für diesen Anspruch muss dann für Missbrauchsfälle gezogen werden, wenn zum Beispiel ein Arbeitnehmer fortlaufend neue Zwischenzeugnisse fordert.

Formal unterscheidet sich das Zwischenzeugnis vom Endzeugnis durch die Verwendung der Zeitform des Präsens. Darüber hinaus enthält es natürlich kein Beendigungsdatum und auch die Schlussformeln werden üblicherweise unterschiedlich ausfallen (→ Seite 104 ff.). Eine besondere Erscheinungsform des Zwischenzeugnisses ist das so genannte

Triftige Gründe

→ Sie möchten sich bei einer anderen Firma bewerben oder demnächst das Arbeitsverhältnis kündigen

→ Der Arbeitgeber informiert sie über eine bevorstehende Kündigung

→ Das Arbeitsverhältnis ist unter Einhaltung einer langen Kündigungsfrist gekündigt worden

→ Wechsel des Vorgesetzten

→ Betriebsänderungen (zum Beispiel Teilbetriebsstilllegungen, Betriebsübernahmen, Umstrukturierungsmaßnahmen)

→ Fortbildungen, für die Sie ein Zeugnis vorlegen müssen

→ Längere Arbeitsunterbrechungen (zum Beispiel Wehrdienst, Elternzeit, Sabbatical)

vorläufige Zeugnis. Ein solches können Sie erhalten, wenn feststeht, dass Ihr Arbeitsverhältnis in absehbarer Zeit beendet wird, Sie momentan aber noch bei Ihrem Arbeitgeber tätig sind und sich bewerben möchten. Mit dem vorläufigen Zeugnis wird das Endzeugnis vorweggenommen, ohne dass der Anspruch auf das Endzeugnis entfällt. Anspruch auf ein Endzeugnis haben Sie mit der rechtlichen Beendigung des Arbeitsverhältnisses. Dieser Anspruch ist gesetzlich geregelt und setzt keinen besonderen Grund voraus. Wichtig ist aber, dass Sie Ihr Zeugnis rechtzeitig, in Zweifelsfällen auch per Einschreiben, in der gewünschten Form anfordern (→ Seite 13 ff.).

Die Rolle des Zwischenzeugnisses

Wenn Sie bereits ein Zwischenzeugnis erhalten haben, werden Sie sich fragen, in welchem Verhältnis Zwischen- und Endzeugnis zueinander stehen. Die bereits dargestellte Bindungswirkung gilt auch für das Zwischenzeugnis. Wenn sich Ihre Leistungen seit Erstellung des Zwischenzeugnisses nicht wesentlich verändert haben, kann der Arbeitgeber nicht von seiner grundsätzlichen Bewertung, die er im Zwischenzeugnis vorgenommen hat, abweichen. Falls Sie Ihr Arbeitsverhältnis im Streit mit dem Arbeitgeber beenden, wird mancher Chef versucht sein, seinen Groll in Ihr Endzeugnis einfließen zu lassen. Ein gutes Zwischenzeugnis bietet Ihnen in diesem Fall eine glänzende Ausgangslage für eine eventuelle

Auseinandersetzung. Einen Anspruch auf ein dem Zwischenzeugnis wortgleiches Endzeugnis haben Sie allerdings auch dann nicht. In der Wortwahl ist der Arbeitgeber frei. Die grundsätzlichen Wertungen müssen jedoch übereinstimmen. Haben sich Ihre Leistungen dagegen seit Erstellung des Zwischenzeugnisses nachweisbar verschlechtert, kann das zu einer schlechteren Bewertung im Endzeugnis führen.

Wahrheits- und Wohlwollenspflicht

Nach der Rechtsprechung des Bundesarbeitsgerichts ist der Arbeitgeber verpflichtet, ein Zeugnis zu erstellen, das der Wahrheit entspricht. Diese Verpflichtung ist eine Selbstverständlichkeit und wäre völlig unproblematisch, wenn sie für sich alleine stünde.

Das Bundesarbeitsgericht fordert aber nicht nur eine wahrheitsgemäße Beurteilung, sondern eine Beurteilung, die die berufliche Entwicklung des Arbeitnehmers fördert beziehungsweise ihn in seinem beruflichen Fortkommen nicht hindert. Damit ist der Konflikt vorprogrammiert, da eine wahrheitsgemäße Beurteilung nicht immer berufsfördernd sein wird. So sind Auseinandersetzungen zwischen Arbeitnehmern und Arbeitgebern mehr von dem Streit um eine wohlwollende als um eine wahrheitsgemäße Beurteilung geprägt. Der Wahrheitsgehalt eines Zeugnisses ist nämlich relativ leicht festzustellen. Die Frage des Wohlwollens unterliegt hingegen einem erheblichen Ermessensspielraum und damit einem sehr subjektiven Element.

Verfehlungen muss der Arbeitgeber erwähnen

Auf der anderen Seite muss es dem Arbeitgeber jedoch gestattet sein, Verfehlungen des Arbeitnehmers zu benennen, da er sich ansonsten einem Haftungsrisiko gegenüber den Nachfolgearbeitgebern aussetzen würde. Schwere Verfehlungen oder im Zusammenhang mit dem Arbeitsverhältnis begangene Straftaten können beziehungsweise müssen daher im Zeugnis erwähnt werden. Dabei ist jedoch darauf zu achten, dass entsprechende Aussagen keinen diffamierenden Inhalt haben. Bloße Annahmen oder Verdachtsmomente dürfen aber nicht ins Zeugnis aufgenommen werden. In Zweifelsfällen geht die Wahrheitspflicht der Wohlwollenspflicht vor.

Holen Sie sich, was Ihnen zusteht

Sie haben das Recht, ein Zeugnis von Ihrem Arbeitgeber zu fordern (§ 630 BGB). Daraus folgt, dass Ihr Arbeitgeber nicht verpflichtet ist, ein Zeugnis ohne Anforderung zu erteilen. Sie müssen also von sich aus die Initiative ergreifen, wenn Sie ein Zeugnis möchten. Dies gilt für alle Zeugnisarten, auch für das einfache Zeugnis. Will Ihr Arbeitgeber das Arbeitsverhältnis einvernehmlich beenden, sind Sie gut beraten, das Zeugnis vor Abschluss eines Aufhebungsvertrags zu fordern, um sicherzustellen, dass Ihre Interessen gewahrt werden.

Von diesem Grundsatz weicht der Gesetzgeber nur in Ausbildungsverhältnissen ab, in denen er dem Ausbilder durch § 8 BBiG vorschreibt, ein Ausbildungszeugnis mit einem Mindestinhalt (Angaben über Art, Dauer, Ziel der Berufsausbildung, erworbene Fähigkeiten und Kenntnisse des Auszubildenden) zu erstellen. Zu erklären ist dies mit der besonderen Schutzbedürftigkeit von Auszubildenden, da sie über wenig Berufs- und Lebenserfahrung verfügen. Aber auch sie erhalten ohne Anforderung lediglich ein einfaches Ausbildungszeugnis. Soll sich dieses auf Führung, Leistung und besondere fachliche Fähigkeiten erstrecken, muss der Auszubildende ein Ausbildungszeugnis in der qualifizierten Form vom Ausbilder anfordern.

Unzufrieden? – bitten Sie um Berichtigung

Während der Anspruch auf Erstellung eines Zeugnisses gesetzlich geregelt ist, findet sich im Gesetz keine Antwort auf die Frage, welche Ansprüche Sie geltend machen können, wenn das erstellte Zeugnis mangelhaft ist. Entspricht es bereits in formeller Hinsicht nicht den gesetzlichen Anforderungen, wurde Ihr Anspruch auf ein Zeugnis nicht erfüllt. Sie können ihn dann weiterverfolgen und der Arbeitgeber muss ein neues Zeugnis ausstellen.

Hat der Arbeitgeber die gesetzlichen Erfordernisse grundsätzlich eingehalten, ist das Zeugnis aber nicht umfassend genug oder in Teilaspekten unrichtig, so liegt eine Schlechtleistung des Arbeitgebers vor, da er seine arbeitsvertragliche Verpflichtung, ein ordnungsgemäßes Zeugnis zu erstellen, nicht erfüllt hat. Als Folge dieser Schlechtleistung des Arbeitgebers können Sie einen Berichtigungsanspruch gegen den Arbeitgeber geltend machen. Das Ergebnis ist, dass Ihr Zeugnis auch in diesem Fall neu geschrieben werden muss, da eine Korrektur des bereits verfassten Zeugnisses unzulässig ist. Dem berichtigten Zeugnis darf man nicht ansehen können, dass es berichtigt wurde. Es spielt deshalb erst einmal keine Rolle, ob Sie den Erfüllungsanspruch oder den Anspruch aus Schlechtleistung gegenüber dem Arbeitgeber geltend machen. In beiden Fällen müssen Sie ihn auffordern, das Zeugnis zu berichtigen.

Allerdings gelten auch für den Berichtigungsanspruch die tariflichen Ausschlussfristen, die Vorschriften der Verjährung und schließlich auch die von der Rechtsprechung entwickelten Grundsätze der Verwirkung (→ Seite 13 ff.). Aufgrund der kurzen Fristen, innerhalb derer ein Arbeitnehmer den Anspruch auf Zeugnisberichtigung verwirken kann, müssen Sie zeitnah nach Erhalt des Zeugnisses prüfen, ob es korrekt ist und Sie damit einverstanden sind. Andernfalls müssen Sie den Arbeitgeber umgehend zur Berichtigung auffordern.

Von den Fällen der (inhaltlichen) Zeugnisberichtigung sind die Fälle zu unterscheiden, in denen der Arbeitnehmer die Neuausstellung eines (inhaltlich richtigen und nicht beanstandeten) Zeugnisses begehrt, weil es beschädigt oder verloren gegangen ist. In solchen Fällen ist der Arbeitgeber verpflichtet, auf Kosten des Arbeitnehmers ein neues Zeugnis zu erteilen, wenn er aufgrund (noch) vorhandener Personalunterlagen ohne großen Arbeitsaufwand das Zeugnis neu schreiben lassen kann (Landesarbeitsgericht Hamm, Urteil vom 17.12.1998).

Was Sie beanstanden können

Wie gesagt, können Sie eine Berichtigung vom Arbeitgeber verlangen, wenn das Zeugnis nicht alles Notwendige enthält oder der Inhalt des Zeugnisses unrichtig ist (→ Seite 27). Aber auch Angaben, die nicht berufsfördernd, also nicht wohlwollend sind, können Sie beanstanden. Die Grenze der wohlwollenden Beurteilung bildet im Einzelfall die Wahrheitspflicht.

Zwar ist der Arbeitgeber bei der Ausstellung des Zeugnisses in seiner Ausdrucksweise grundsätzlich frei, er muss sich allerdings – auch wenn er vom Beruf her kein Germanist ist – der in der Praxis allgemein angewandten Zeugnissprache bedienen und bei der Beurteilung des Arbeitnehmers den nach der Verkehrssitte üblichen Maßstab anlegen. Darüber hinaus hat er die gebräuchliche Gliederung eines qualifizierten Zeugnisses zu beachten, denn diese ist inzwischen weitgehend standardisiert (Seite 66 f.).

Vorsicht: Inhaltsverbote

Ist der Inhalt eines Zeugnisses strittig, muss das immer anhand des Einzelfalls und dessen konkreten Umständen geprüft werden. Unabhängig davon hat die Rechtsprechung aber auch Inhaltsverbote entwickelt. Das war notwendig, weil der Gesetzgeber solche Verbote nicht erlassen hat. Verbotene Inhalte sind Tatsachen, die zwar richtig und wahr sind, in der Regel aber trotzdem nicht im Zeugnis erwähnt werden dürfen, weil die Rechtsprechung diese Angaben generell als nicht berufsfördernd erachtet. Verstößt der Arbeitgeber gegen diese Inhaltsverbote, muss er das Zeugnis ebenfalls berichtigen.

1

INFO

Verbotene Inhalte

Das hat in Ihrem Zeugnis nichts verloren:

→ Sichtbare Korrekturen oder Geheimzeichen

→ Gesundheitszustand des Arbeitnehmers (Angaben zu einer krankheitsbedingten Kündigung und zu Fehlzeiten sind nicht zulässig.)

→ Schwerbehinderung des Mitarbeiters oder Tätigkeit in der Schwerbehindertenvertretung

→ Alkoholmissbrauch des Arbeitnehmers, es sei denn, einem zukünftigen Arbeitgeber könnte durch das Verschweigen ein Schaden entstehen

→ Angaben zum Privatleben

→ Mitgliedschaft in der Gewerkschaft

→ Mitgliedschaft in einer Mitarbeitervertretung

→ Schlechtleistungen des Arbeitnehmers mit Ausnahme schwerwiegender arbeitsrechtlicher Verstöße

→ Gegen den Mitarbeiter ausgesprochene Abmahnungen

→ Gegen den Arbeitnehmer geführte oder noch anhängige Gerichtsverfahren

→ Kündigungsgründe

→ Straftaten mit Ausnahme der im Zusammenhang mit der Arbeitstätigkeit begangenen Verfehlungen

Kündigungsgründe gehören nicht ins Zeugnis

Soweit die Rechtsprechung die Nennung von Kündigungsgründen im Zeugnis untersagt, gilt dieses Verbot auch im Fall einer außerordentlichen Kündigung. Die Gerichte sind der Auffassung, dass bereits aus dem Beendigungsdatum zu ersehen ist, dass der Arbeitnehmer fristlos gekündigt wurde. Daher könne auf die ausdrückliche Erwähnung der außerordentlichen Kündigung verzichtet werden. Ordentliche Kündigungen könnten nur zum Monatsende oder zum 15. eines Monats erfolgen. Mithin könne es sich bei anderen Beendigungsdaten nur um außerordentliche Kündigungen handeln.

Das ist aber in der Realität keineswegs immer so. Zum einen sehen Tarifverträge zum Teil einwöchige oder zweiwöchige Kündigungsfristen vor – diese Kündigungen führen dann ebenfalls zu einem »krummen Datum« (→ Seite 72), also einem vom Normalfall abweichenden Beendigungsdatum. Zum anderen kann natürlich auch eine fristlose Kündigung zufällig oder gewollt zum 15. eines Monats oder zum Monatsende ausgesprochen werden.

Das Ausstellungsdatum

Ebenfalls ein häufiger Streitpunkt ist das Ausstellungsdatum des Zeugnisses. Kann ein Zeugnisempfänger verlangen, dass das tatsächliche Ausstellungsdatum durch ein mit dem Beendigungszeitpunkt übereinstimmendes Datum ersetzt wird?

Dieser Streitpunkt ist keine formelle Prinzipienreiterei: Ein spätes Ausstellungsdatum gibt dem Leser den Hinweis auf eventuelle Streitigkeiten mit dem Zeugnisaussteller, die zu der verspäteten Ausstellung des Zeugnisses geführt haben können. Unter Umständen kam es zwischen Arbeitgeber und Arbeitnehmer auch zu einem Gerichtsverfahren, das nun durch das späte Zeugnisdatum aufgedeckt wird. Deshalb gewährt die Rechtsprechung Ihnen das Recht auf ein Zeugnis, das zeitnah auf das Beendigungsdatum datiert ist. Voraussetzung dafür ist, dass Sie es rechtzeitig vor dem Ausscheiden beantragt haben. Versäumen Sie aber, das Zeugnis rechtzeitig anzufordern, so ist der Arbeitgeber nicht verpflichtet, Ihr Zeugnis zurückzudatieren.

Wie Sie vorgehen sollten, was Sie beachten müssen

Wie sollten Sie sich verhalten, wenn das Zeugnis nicht ordnungsgemäß erstellt wurde? Ist das Arbeitsverhältnis emotional nicht belastet, sollten sie den Arbeitgeber in einem persönlichen Gespräch auffordern, das Zeugnis zu berichtigen. Auf diese Weise kann die Korrektur unter Umständen unbürokratisch erledigt werden. Häufig ist ein mangelhaftes Zeugnis auch einfach auf Unkenntnis des Arbeitgebers zurückzuführen. In diesem Fall können Sie ihn durch Vorlage der entsprechenden Fachlektüre sicherlich davon überzeugen, dass eine Berichtigung erforderlich ist.

Ist ein solches Gespräch nicht möglich oder reagiert der Arbeitgeber nach einem persönlichen Gespräch nicht innerhalb eines angemessenen Zeitraums, so müssen Sie schriftlich eine Berichtigung verlangen. Der Eingang des Verlangens beim Arbeitgeber sollte nachweisbar sein, deshalb empfiehlt sich ein Einschreiben mit Rückschein oder eine vom Arbeitgeber unterzeichnete Empfangsbestätigung. Der Nachweis des Berichtigungsverlangens ist notwendig, um eventuell für Sie geltende tarifvertragliche Ausschlussfristen und die Verwirkung zu unterbrechen (→ Seite 14 f.).

In diesem Schreiben muss der Wunsch nach einer Berichtigung des Zeugnisses eindeutig zum Ausdruck kommen, damit der Arbeitgeber eine Ihren Wünschen entsprechende Korrektur vornehmen kann. Die sicherste Methode ist ein von Ihnen berichtigter Zeugnisentwurf, den Sie dem Arbeitgeber zur Übernahme vorlegen. Da nach der Beendi-

So machen Sie es richtig!

→ Fordern Sie Ihr Zeugnis rechtzeitig vor Ihrem Ausscheiden aus dem Unternehmen an.

→ Sorgen Sie für den Nachweis dieser Aufforderung.

→ Sprechen Sie mit Ihrem Arbeitgeber, wenn Sie mit dem Zeugnis unzufrieden sind.

→ Konkretisieren Sie Ihren Berichtigungswunsch.

→ Setzen Sie eine Frist, wenn der Arbeitgeber sich weigert, das Zeugnis zu berichtigen.

→ Wenn alles nichts nützt: Bitten Sie einen Anwalt um Hilfe.

gung eines Arbeitsverhältnisses die Berichtigung des Zeugnisses eher zu den dem Arbeitgeber lästigen Tätigkeiten gehört, wird er im Regelfall eher geneigt sein, sich der Berichtigung durch Unterzeichnung des ihm vorgelegten Entwurfs zu entledigen als durch eine eigene Korrektur. Alternativ können Sie auch die einzelnen Zeugnispassagen, die berichtigt werden sollen, nennen. Die Nennung muss aber ganz eindeutig sein, damit eine mehrfache Korrespondenz vermieden wird – ein längeres Hin und Her wäre nicht in Ihrem Interesse, da Sie ja auf das Zeugnis angewiesen sind.

In Ihrem Berichtigungsverlangen sollten Sie auch eine Frist setzen, innerhalb derer das Zeugnis berichtigt werden soll. Angemessen ist eine Frist von zwei bis drei Wochen. Verstreicht die gesetzte Frist ergebnislos, sollten Sie die Hilfe eines Rechtsanwalts in Anspruch nehmen.

Hilfe vom Betriebsrat

Betriebs-, Personalräte oder sonstige Mitarbeitervertretungen sind in allen Fragen des Zeugnisrechts nicht zu beteiligen. Weder Ihr Arbeitgeber noch Sie sind verpflichtet, den Betriebsrat bei der Erteilung des Zeugnisses oder dessen Berichtigung einzuschalten. Daraus folgt, dass der Betriebsrat nicht in der Lage ist, mit betriebsverfassungsrechtlichen Mitteln auf die Erstellung des Zeugnisses Einfluss zu nehmen. Trotzdem kann es sinnvoll sein, den Betriebsrat zur Vermeidung einer arbeitsgerichtlichen Auseinandersetzung um Vermittlung zu bitten, vor allem wenn Ihre Gespräche mit dem Arbeitgeber bereits festgefahren sind. Die Tätigkeit des Betriebsrates sollte sich jedoch darauf beschränken, das Gespräch wieder in Gang zu bringen. Zur Beurteilung der rechtlichen Situation wird er meist nicht in der Lage sein, weil das Zeugnisrecht nicht zu seinem Kompetenzbereich gehört. Die rechtliche Prüfung sollten Sie daher Ihrem Anwalt überlassen. Die örtlichen Rechtsanwaltskammern oder Anwaltsvereine benennen auf Anfrage Anwälte, die sich auf das Arbeitsrecht spezialisiert haben.

So kommen Sie zu Ihrem Recht

Scheitern alle Versuche, sich gütlich mit Ihrem Arbeitgeber zu einigen, bleibt Ihnen nichts anderes übrig, als Ihre Ansprüche gerichtlich durchzusetzen. Allerdings sollten Sie sich diesen Schritt gründlich überlegen, denn der Weg zu einem Urteil ist steinig. Und es ist nicht sicher, dass Sie den Gerichtssaal am Ende als Gewinner verlassen – selbst wenn Sie im Recht sind.

Der Arbeitsgerichtsprozess

Für Streitigkeiten zwischen Arbeitgebern und Arbeitnehmern sind ausschließlich die Arbeitsgerichte zuständig. Aber: Beamte sind keine Arbeitnehmer! Für sie sind die Verwaltungsgerichte zuständig. Auch für Organmitglieder juristischer Personen, zum Beispiel Geschäftsführer, sind die Arbeitsgerichte nicht zuständig. Zeugnisstreitigkeiten von Organmitgliedern, die in der Praxis selten vorkommen, sind in erster Instanz vor den Landgerichten auszutragen.

Örtlich zuständig ist das Arbeitsgericht, in dessen Bezirk Sie Ihre Arbeitsleistung erbracht haben. Außendienstmitarbeiter, die ihre Geschäftsfahrten nicht vom Firmensitz, sondern stets von ihrem Wohnsitz aus antreten, können den Prozess vor dem für ihren Wohnsitz zuständigen Arbeitsgericht führen. Wahlweise kann der Arbeitgeber immer an seinem Geschäftssitz verklagt werden.

Mit oder ohne Anwalt?

Vor den Arbeitsgerichten herrscht in erster Instanz kein Anwaltszwang, sodass sowohl Arbeitnehmer als auch Arbeitgeber den Prozess selbst führen können. Dies ist allerdings nur solchen Personen zu empfehlen, die über die für einen Prozess notwendigen Rechtskenntnisse, insbesondere auch des Prozessrechts, verfügen. Die Vertretung vor dem Arbeitsgericht ist darüber hinaus durch Gewerkschaften, Arbeitgeberverbände und Anwälte möglich.

Vor dem Landesarbeitsgericht (Berufungsinstanz nach dem örtlichen Arbeitsgericht) ist die eigene Prozessführung jedoch nicht mehr möglich. Dort können nur noch Gewerkschaften, Arbeitgeberverbände und Anwälte auftreten. Beim Bundesarbeitsgericht (Revisionsinstanz nach dem Landesarbeitsgericht) sind ausschließlich Anwälte als Rechtsvertreter zugelassen.

Güteverhandlung

Vor dem Arbeitsgericht findet in erster Instanz zunächst eine Güteverhandlung statt, in der versucht werden soll, die Streitigkeit in gegenseitigem Einvernehmen zu beenden. Gerade bei Zeugnisstreitigkeiten ist oft eine Einigung mithilfe des Gerichts

TIPP

Die bessere Lösung

→ Aufgrund der zu erwartenden Prozessdauer sollten Sie bei einem Zeugnisstreit einer außergerichtlichen Lösung den Vorzug geben. Ist eine außergerichtliche Regelung des Konflikts nicht möglich, sollten Sie im Gütetermin mithilfe des Gerichts eine Einigung anstreben.

möglich. Scheitert die Güteverhandlung, findet ein Kammertermin statt, an dessen Ende dann gegebenenfalls ein Urteil ergeht.

Prozessdauer

Anders als bei Kündigungsstreitigkeiten sieht das Arbeitsgerichtsgesetz in Zeugnisprozessen kein beschleunigtes Verfahren vor, sodass der Prozess in erster Instanz in der Regel mindestens ein Jahr dauern wird, wenn in der Güteverhandlung kein Vergleich geschlossen wird. Ist eine Beweisaufnahme oder gar ein Berufungsverfahren notwendig, kann die Prozessdauer ohne weiteres zwei Jahre erreichen. Die Berufung ist in Zeugnisstreitigkeiten meistens zulässig, da im Regelfall die notwendige Berufungssumme von 600 Euro erreicht wird. Die Berufungssumme ist vom Streitwert abhängig, der für die Verfahren auf Erteilung oder Berichtigung eines Zeugnisses von den Gerichten auf ein Bruttomonatsgehalt festgesetzt wird. Für den Arbeitnehmer ist diese Situation unbefriedigend, da er das Zeugnis oft schnell benötigt. Da dem Arbeitgeber diese Lage bekannt ist, wird das Zeugnis häufig als Druckmittel missbraucht.

Ist ein Vergleich abgeschlossen oder ein Urteil erlassen worden, so liegt für den Arbeitnehmer ein so genannter vollstreckbarer Titel vor, aus dem Sie vollstrecken können, wenn der Arbeitgeber trotz des Titels das Zeugnis nicht erteilt. Die Vollstreckung erfolgt durch die Festsetzung eines Zwangsgeldes oder notfalls einer Zwangsstrafe gegenüber dem Arbeitgeber. In der Praxis ist die Vollstreckung nach einem Zeugnisprozess die Ausnahme.

Recht haben, Recht bekommen – die Beweislast

Wie jede Klage erfordert der Zeugnisprozess zunächst einen bestimmten Klageantrag. Der Klageantrag bestimmt den Prozessgegenstand, legt also letztlich fest, was Sie konkret von Ihrem Arbeitgeber begehren. Bei Klagen auf Erteilung eines Zeugnisses, die in der arbeitsgerichtlichen Praxis selten sind, bereitet der Klageantrag keine Schwierigkeiten – Sie fordern, dass Ihr Arbeitgeber Ihnen ein Zeugnis ausstellt. In dem Verfahren auf Zeugnisberichtigung müssen Sie die beanstandeten Teile des Zeugnisses korrekt benennen und im Klageantrag gegebenenfalls selbst neu formulieren. Dabei besteht allerdings kein Rechtsanspruch auf bestimmte Formulierungen. Das Gericht kann im Urteil auch eigene Formulierungen verwenden.

Die für den Arbeitnehmer in Zeugnisprozessen oft entscheidende Frage ist die der Beweislast. Grundsätzlich muss derjenige, der in einem Prozess etwas verlangt, die hierfür notwendigen Tatsachen im Einzelnen vortragen und, wenn der Prozessgegner diese Tatsachen bestreitet, auch beweisen. Kann der Beweis nicht geführt werden, verliert derjenige, bei dem die Beweislast liegt.

In Zeugnisprozessen hat die Rechtsprechung für die Benotung, die häufig der Streitpunkt in Gerichtsverfahren ist, die Beweislast zwischen Arbeitgeber und Arbeitnehmer aufgeteilt. Die Gerichte gehen davon aus, dass eine befriedigende Benotung der Durchschnitt ist. Will der Arbeitgeber zu Ihren Lasten von der Note »befriedigend« abweichen, so hat er die Beweislast. Für über »befriedigend« liegende Bewertungen tragen Sie die Beweislast.

Wünschen Sie eine über dem Durchschnitt liegende Benotung, müssen Sie also durch entsprechende Tatsachen, die eine gute Bewertung rechtfertigen, zunächst Ihre Leistung vortragen. Bestreitet der Arbeitgeber diese vorgetragenen Tatsachen, müssen Sie geeignete Beweismittel vorlegen. Meistens kommen hierfür Aussagen der ehemaligen Kollegen in Betracht. Sind diese noch im Betrieb beschäftigt, kann eine Aussage zu Ihren Gunsten die Kollegen beim Arbeitgeber aber in Misskredit bringen. Daher sollten Sie im Vorfeld prüfen, wie Erfolg versprechend die Nennung von noch im Betrieb tätigen Kollegen als Zeugen ist.

TIPP

Wappnen Sie sich

→ Die arbeitsrechtliche Praxis zeigt, dass der Streit um das Zeugnis oft von beiden Seiten mit einer gewissen Emotionalität geführt wird. Sind die Parteien im Streit auseinander gegangen, neigen manche Arbeitgeber dazu, den Zeugnisstreit als Plattform zu nutzen, um ihre Meinung über den Arbeitnehmer kundzutun. Damit prallen im Prozess sehr widersprüchliche Aussagen aufeinander. Während der Arbeitnehmer natürlich vor allem seine guten Leistungen herausstellt, wird er vom Arbeitgeber unter Umständen als der schlechteste Mitarbeiter beschrieben, der je für ihn gearbeitet hat. Darauf sollten Sie sich einstellen, um entsprechend gewappnet an den Prozess heranzugehen.

Wer zahlt?

In zivilrechtlichen Streitigkeiten zahlt in der Regel die Prozesspartei, die den Prozess verliert. Dies ist in arbeitsrechtlichen Streitigkeiten in erster Instanz anders. Vor dem Arbeitsgericht findet keine Kostenerstattung der außergerichtlichen, also der Anwaltskosten statt. Jede Partei hat in erster Instanz die eigenen Anwaltskosten zu tragen. Dies ändert sich erst vor den Landesarbeitsgerichten und dem Bundesarbeitsgericht. Dort zahlt diejenige Prozesspartei, die in dem Verfahren unterliegt. Für Sie bedeutet das, dass Sie in erster Instanz auch dann Ihre eigenen Anwaltskosten tragen müssen, wenn Ihr Arbeitgeber das Zeugnis mutwillig nicht oder unrichtig erteilt.

Die Höhe der Kosten richtet sich nach Ihrem Bruttoeinkommen. In der Regel setzen die Gerichte für die Klage auf Erteilung oder Berichtigung eines Zeugnisses ein Monatsgehalt als Streitwert an. Nach diesem Streitwert werden die Gerichts- und Anwaltskosten aus einer Tabelle der entsprechenden Kostengesetze ermittelt. Diese sind einheitlich, da es sich um gesetzliche Gebühren handelt. Eine Abweichung davon ist nur mittels einer schriftlichen Honorarvereinbarung zulässig.

Neben dem Streitwert ist für die Höhe der Anwaltskosten der Tätigkeitsumfang des Anwalts maßgebend. Er erhält eine Gebühr für die Vertretung im Verfahren, eine für die Terminsvertretung bei Gericht und schließlich eine weitere, falls ein Vergleich geschlossen wird. In der unten stehenden Tabelle sind die beiden erstgenannten Gebühren der Einfachheit halber unter dem Stichwort »Prozessvertretung« zusammengefasst. Diese entsprechen im Regelfall auch den Kosten für eine außergerichtliche Anwaltstätigkeit.

Rechtsschutzversicherung und Prozesskostenhilfe

Haben Sie eine Rechtsschutzversicherung abgeschlossen, tritt diese für alle Gerichts- und Anwaltskosten ein, sofern Sie die arbeitsrechtliche Interessenvertretung mitversichert haben. Für Arbeitnehmer mit ge-

GUT ZU WISSEN

Was kostet ein Zeugnisprozess?

Bruttoeinkommen	Prozessvertretung	Prozessvertretung mit Vergleich	Gerichtskosten
500 EUR	150,07 EUR	205,90 EUR	24 EUR
1.500 EUR	327,70 EUR	449,50 EUR	60 EUR
2.000 EUR	408,90 EUR	563,18 EUR	80 EUR
2.500 EUR	490,01 EUR	676,86 EUR	100 EUR
3.500 EUR	652,50 EUR	904,22 EUR	140 EUR
5.000 EUR	796,10 EUR	1.245,26 EUR	200 EUR

ringem Einkommen besteht auch die Möglichkeit, Prozesskostenhilfe zu beantragen. Diese kann mit oder ohne Raten gewährt werden. Ob ratenfreie Prozesskostenhilfe gewährt werden kann, hängt von der Höhe Ihres Einkommens und von Ihren Belastungen ab. Wird Prozesskostenhilfe mit Raten gewährt, so müssen Sie monatliche Raten an die Gerichtskasse abführen. Bei der Beantragung der Prozesskostenhilfe ist Ihnen Ihr Anwalt behilflich.

Arbeitszeugnisse
im Ausland

Aufgrund der zunehmenden Globalisierung wachsen die Wirtschaftsräume immer enger zusammen. Dies führt auch auf dem Arbeitsmarkt zu einer größeren Internationalisierung. Arbeitnehmer, vor allem größerer Firmen, arbeiten öfter im Ausland. Für Mitarbeiter internationaler Konzerne sind längere Aufenthalte im Ausland mittlerweile sogar eine Selbstverständlichkeit.

Aber auch kleinere und mittlere Unternehmen stellen vermehrt qualifizierte ausländische Arbeitnehmer ein, da es in verschiedenen Branchen an inländischen Fachkräften mangelt. Wenn es Sie beruflich ins Ausland verschlägt, egal ob für ein mehrwöchiges Praktikum oder für einige Jahre, sind Grundkenntnisse des im jeweils anderen Land geltenden Zeugnisrechts wichtig.

Andere Länder, andere Sitten

Da im Ausland überwiegend eine Bewerbung auch ohne Zeugnis möglich ist (→ Kasten Seite 41), fehlt dort eine mit deutschem Recht vergleichbare vielfältige Rechtsprechung zum Zeugnisrecht. Lediglich die Verhältnisse in Österreich und in der Schweiz sind mit dem Zeugnisrecht in Deutschland annähernd vergleichbar.

→ In ÖSTERREICH ist der Anspruch auf ein Zeugnis in § 1163 des Allgemeinen Bürgerlichen Gesetzbuches (ABGB) geregelt. Das Zeugnis ist auf Verlangen zu erteilen. Arbeitnehmerähnliche Personen haben jedoch keinen Anspruch darauf. Es besteht nur Anspruch auf ein einfaches Zeugnis. Die Erstellung eines qualifizierten Zeugnisses liegt im Ermessen des Arbeitgebers. Österreichische Arbeitnehmer benötigen keinen Grund, um ein Zwischenzeugnis anzufordern. Dafür haben sie die Kosten für die Ausstellung des Zwischenzeugnisses (Personal-, Zeit- und Sachaufwand) zu tragen.

→ In der SCHWEIZ ergibt sich der Anspruch auf ein Arbeitszeugnis aus Artikel 330a des Schweizerischen Obligationenrechts. Nach dieser Vorschrift kann der Arbeitnehmer jederzeit, auch während des bestehenden Arbeitsverhältnisses, ein qualifiziertes Arbeitszeugnis verlangen. Umgekehrt zum deutschen Recht erhält er ein einfaches Zeugnis nur auf besonderen Antrag. Eine Besonderheit regelt Artikel 362 des Obligationenrechts. Nach dieser Vorschrift kann bis einen Monat nach Beendigung des Arbeitsverhältnisses nicht auf die Zeugnisausstellung verzichtet werden.

Im anglo-amerikanischen Wirtschaftsraum stellt sich die rechtliche Situation wie folgt dar:

→ In den USA besteht nach wie vor kein Anspruch des Arbeitnehmers auf Erteilung eines Arbeitszeugnisses. In den USA werden sich sogar immer mehr Arbeitgeber weigern, die dort üblichen Empfehlungsschreiben (letter of recommendation) auszustellen. Der Grund für die Zurückhaltung der Arbeitgeber ist eine Entscheidung des California Supreme Court. Dort wurde entschieden, dass ein Arbeitgeber sowohl gegenüber Folgearbeitgebern als auch gegenüber Dritten schadenersatzpflichtig sein kann, wenn ein letter of recommendation falsche

Angaben enthält oder wichtige Fakten verschweigt und hierdurch ein Schaden erwächst. Die Angst vor solchen Regressansprüchen führt naturgemäß zu einer gewissen Zurückhaltung der Arbeitgeber in den USA, zumal Schadenersatzansprüche dort oft ganz beträchtliche Ausmaße annehmen. Zur Vermeidung von Schadenersatzansprüchen finden sich gelegentlich auch Hinweise in den Empfehlungsschreiben, dass der Aussteller für die Richtigkeit des Inhalts keine Haftung übernimmt. Rechtsexperten empfehlen den Firmen, nur Bescheinigungen zu erteilen, die den Namen des Arbeitnehmers, die Beschäftigungsdauer und die bekleidete Position enthalten.

INFO

Zeugnis international

→ In Österreich und der Schweiz gehören Arbeitszeugnisse zu den Bewerbungsunterlagen, die einem potenziellen neuen Arbeitgeber einzureichen sind.

→ In Schweden sollte der Bewerbung ein Arbeitszeugnis beiliegen, zwingend ist dies aber nicht.

→ In Italien, Spanien und Großbritannien ist die Übersendung eines Arbeitszeugnisses mit der Bewerbung nicht notwendig, allerdings sollte es zu einem eventuellen Vorstellungsgespräch oder auf Anforderung bereitgehalten werden.

→ Französische Arbeitgeber verzichten bei der Bewerbung komplett auf Arbeitszeugnisse.

→ In den Niederlanden ist für die Bewerbung kein Arbeitszeugnis notwendig. Lediglich bei Führungskräften werden Referenzen gefordert.

→ In den USA sind Arbeitszeugnisse ebenfalls nicht zwingender Bestandteil einer Bewerbung. Oft werden aber Empfehlungsschreiben verlangt.

→ In GROSSBRITANNIEN ist aufgrund des nationalen Rechts grundsätzlich ebenfalls kein Zeugnisanspruch gegeben. Dort wirkt sich allerdings die Rechtsprechung des Europäischen Gerichtshofs aus, nach der ein Arbeitgeber schadenersatzpflichtig werden kann, wenn er dem Arbeitnehmer kein Zeugnis ausstellt und hieraus dem Arbeitnehmer ein Schaden erwächst. Daher werden sich dort Arbeitgeber zunehmend veranlasst sehen, auf Verlangen ein Zeugnis auszustellen, um Schadenersatzansprüche der Arbeitnehmer zu vermeiden.

Grundsätzlich lässt sich somit feststellen, dass das Thema »Arbeitszeugnisse« sowohl im europäischen als auch im anglo-amerikanischen Wirtschaftsraum nicht annähernd die Bedeutung hat, die ihm hier in Deutschland zukommt.

Das Empfehlungsschreiben

Der erste Teil eines letter of recommendation sollte die Beschäftigungsdauer, den Aufgabenbereich und besondere Projekte, an denen der Arbeitnehmer beteiligt war, enthalten. Außerdem werden in diesem Abschnitt das Unternehmen und dessen Tätigkeitsfelder vorgestellt. Im zweiten Teil wird eine detaillierte Beurteilung der Person vorgenommen. Vergleichbar mit dem deutschen Zeugnis werden die Leistung und die Führung des Arbeitnehmers beurteilt. Dazu können unter anderem folgende Vokabeln verwendet werden: thorough (gründlich), self-motivated (motiviert), handles responsibility well (Führungsvermögen), is innovative and creative (innovativ und kreativ), deals well with customers and coworkers (guter Umgang mit Kunden und Kollegen), grasps new concepts quickly (schnelle Auffassungsgabe), ability to handle conflict (Problemlösungsvermögen), goal oriented (zielstrebig) oder broad range of skills (große Bandbreite an Fertigkeiten). Im letzten Teil sollte zusammenfassend der Arbeitnehmer charakterisiert werden. Unter Umständen ist eine Empfehlung für die angestrebte Position zu erteilen.

Obwohl im anglo-amerikanischen Raum Geheimcodes nicht verwendet werden, sollten Sie die Wortwahl bedenken. Im Letter of Recommendation ist die Benutzung von Steigerungsformen üblich. Wörter wie nice, good, fairly, reasonable, decent, satisfactory sollten nicht vorkommen. Benutzen Sie stattdessen stärkere Wörter wie exceptional, outstanding, impressive. Verwenden Sie beschreibende Formulierungen: effective, intelligent, observant, significant, creative, imaginative, innovative. Umgangssprachliche Formulierungen sind zu vermeiden.

Zeugnisnoten gibt es in anglo-amerikanischen Empfehlungsschreiben nicht, Dankesformeln finden sich äußerst selten. Die Unterschrift hat den gleichen Stellenwert wie im deutschen Arbeitszeugnis.

Neben dem Letter of Recommendation wird gelegentlich eine Character Reference (Persönlichkeitszeugnis) verlangt. Dieses bewertet vorwiegend die persönlichen Charaktereigenschaften des Arbeitnehmers. Dagegen ähnelt das Testimonial eher dem deutschen Arbeitszeugnis.

Englisch als Weltsprache

Bei Bewerbungen im Ausland empfiehlt sich die Vorlage von Zeugnissen oder Empfehlungsschreiben in der jeweiligen Landessprache. In internationalen Unternehmen ist die Unternehmenssprache vielfach Englisch, sodass Bewerbungen in englischer Sprache verfasst werden. Die beigefügten Unterlagen sollten daher ebenfalls in dieser Sprache erstellt sein. Aber auch in nationalen Unternehmen im Ausland ist die Vorlage eines Zeugnisses in englischer Sprache meist unproblematisch, da Englisch in fast jedem Unternehmen gesprochen wird.

Liegt kein Zeugnis in der Landessprache oder in Englisch vor, muss eine Übersetzung angefertigt werden. Entscheidend ist letztlich die Qualität der Übersetzung, mit einer schlechten Übersetzung würden Sie sich also einen Bärendienst erweisen. Entsprechende Dienste werden in jeder Stadt und mittlerweile auch im Internet angeboten.

Die Kunst,
zwischen den Zeilen
zu lesen

→ Da ein Zeugnis sowohl wahr als auch wohlwollend sein muss, hat sich eine Zeugnissprache entwickelt, in der Kritik nicht offen
ausgesprochen, sondern verschlüsselt
zwischen den Zeilen angedeutet wird. Man
spricht in diesem Zusammenhang von der
so genannten Positivskala, auf der sich
selbst vernichtende Kritik – zumindest vordergründig – noch gut anhört.

Von sehr gut bis ungenügend –
die Positivskala

Durch feine Nuancen auf der so genannten Positivskala können in einem Zeugnis durchaus alle Schulnoten dargestellt und ein sehr differenziertes Leistungs- und Verhaltensbild gezeichnet werden. Sie wird nicht nur bei der berühmt-berüchtigten Zufriedenheitsformel angewendet, sondern ist Maßstab für alle Bewertungen – vom Fachwissen bis zur Sozialkompetenz.

Wer jedoch glaubt, dass mit dem bloßen Wort »gut« tatsächlich eine gute Bewertung ausgedrückt wird, ist auf dem Holzweg. Denn »gut« bedeutet in einem Zeugnis noch lange nicht die Schulnote 2, sondern entspricht auf der Positivskala lediglich einer mittelmäßigen, das heißt befriedigenden Note. Für überdurchschnittliche Bewertungen bedarf es daher etwas mehr verbaler Fantasie.

Von Steigerungsformen und Zeitfaktoren

Wie aber werden diese Abstufungen in einem Zeugnis zum Ausdruck gebracht? Soll der zu Beurteilende gelobt werden, spielen vor allem zwei Komponenten – nämlich die Steigerungsform und der Zeitfaktor (Temporaladverb) – eine wesentliche Rolle.

Soll dagegen Kritik zum Ausdruck gebracht werden, erfolgt diese durch eine knappe, schmucklose Nennung eines Attributes, durch zeitliche Einschränkungen, Anspielungen, beredtes Schweigen, eine falsche Reihenfolge oder andere Techniken, die im nächsten Kapitel (→ Seite 53 ff.) noch ausführlich beschrieben werden.

2

Die Systematik der
Positivskala

Sehr gut

Die Note 1 spiegelt weit überdurchschnittliche, exzellente Leistungen, Fähigkeiten und Sozialkompetenzen wider und wird durch die höchste Steigerungsform in Verbindung mit einem Temporaladverb honoriert. Zum Beispiel: »Sie war den Anforderungen Ihrer Position stets sehr gut gewachsen.« Oder: »Er erledigte seine Aufgaben immer zu unserer vollsten Zufriedenheit.«

Gut

Bei der Note 2 gingen Leistungen, Fähigkeiten und Verhalten stets über das zu Erwartende hinaus und waren überdurchschnittlich gut. Dies wird durch eine mittlere Steigerungsform in Kombination mit einem Temporaladverb ausgedrückt. Beispiele: »Sie war den Anforderungen ihrer Position stets gut gewachsen.« Oder: »Er erledigte seine Aufgaben immer zu unserer vollen Zufriedenheit.« Alternativ kann auch eine sehr hohe Steigerungsform ohne zeitliches Attribut gewählt werden. Dann hieße es »Sie war den Anforderungen ihrer Position sehr gut gewachsen« und »Er erledigte seine Aufgaben zu unserer vollsten Zufriedenheit«.

Befriedigend

Bei einer befriedigenden Bewertung wurden Erwartungen und Anforderungen immer erfüllt, jedoch nicht übertroffen. Diese Beurteilung findet Ausdruck in einem zurückhaltenden, schmucklosen Loben. Dabei wird entweder eine Steigerungsform oder ein Temporaladverb verwendet. Beispiel: »Sie war den Anforderungen ihrer Position gut gewachsen.« Oder: »Er erledigte seine Aufgaben immer zu unserer Zufriedenheit.«

Handelt es sich um eine weniger wichtige Einzelbewertung, kann sogar dann noch von einer befriedigenden Beurteilung ausgegangen werden, wenn sowohl Steigerungsform als auch Zeitfaktor fehlen. Beispiel: »Er war flexibel und belastbar.«

Ausreichend

Die Note 4 entspricht einer unterdurchschnittlichen Bewertung. Anforderungen und Erwartungen wurden nicht immer erfüllt, was durch die Auslassung des Zeitfaktors zum Ausdruck kommt. Beispiele: »Sie war den Anforderungen ihrer Position gewachsen«, »Er erledigte seine Aufgaben zu unserer Zufriedenheit« oder »Die Qualität seiner Arbeit war zufrieden stellend«.

Auch eine sehr knappe Beurteilung einzelner Leistungsbereiche kann signalisieren, dass es leider nur wenig zu loben gab (Knappheitstechnik). Beispiele: »Seine Arbeitsweise kann als systematisch bezeichnet werden« oder »Sie zeigte Einsatzbereitschaft«.

Durch das Loben von Nebensächlichkeiten oder für die entsprechende Position unwichtigen Faktoren wird ebenfalls eine allenfalls ausreichende Beurteilung angedeutet (Ausweichtechnik). Zum Beispiel bei einer Buchhalterin: »Sie war eine pünktliche Mitarbeiterin mit gepflegter Erscheinung.«

Mangelhaft

Auch die Note 5 wird durch die Anwendung verschiedener Techniken, wie zum Beispiel der Einschränkungstechnik, zum Ausdruck gebracht. Beispiele: »Sie war den Anforderungen ihrer Position insgesamt gewachsen« oder »Er erledigte seine Aufgaben meist zu unserer Zufriedenheit«.

Es genügt aber auch schon der Hinweis auf Erfordernisse ohne die Bestätigung, dass diese erfüllt wurden. Beispiel: »Die Position eines Außendienstmitarbeiters erfordert in besonderem Maße Verkaufstalent und Verhandlungsgeschick.«

Die schlechteste Beurteilung wird jedoch durch die Hervorhebung eines Bemühens oder Bestrebens ausgedrückt. Dies signalisiert dem fachkundigen Leser, dass der Beurteilte völlig versagt hat. Beispiel: »Sie hat sich stets bemüht, so gut wie möglich zu arbeiten.«

Alles in einem Satz – Kombinationen

Wenn Sie mehrere Beurteilungen in einem Satz kombinieren, müssen Sie natürlich nicht jedes Mal das Temporaladverb und die Steigerungsform wiederholen. Dies gilt insbesondere für Kombinationen der Zufriedenheitsformel mit der Bewertung des Arbeitserfolgs. Ein Beispiel: »Sie erledigte ihre Aufgaben sehr sorgfältig, umsichtig und stets zu unserer vollsten Zufriedenheit.« Obwohl Sorgfalt und Umsicht hier ohne Zeitfaktor genannt werden, handelt es sich trotzdem um eine sehr gute Bewertung. Denn die Zufriedenheitsformel färbt auf die anderen im Satz genannten Attribute ab.

Das Gleiche gilt für folgendes Beispiel: »Durch seine Einsatzbereitschaft und sein zielgerichtetes Vorgehen hat er ausschlaggebend zu dem sehr großen Erfolg des Projekts beigetragen.«

Immer wohlwollend – versteckte Kritik

Das bekannte Sprichwort »Es ist nicht alles Gold, was glänzt« trifft auf Zeugnisse in ganz besonderer Weise zu, da hier die Wahrheit häufig zwischen den Zeilen steht. Allerdings denken die meisten dabei nur an die bekannte Zufriedenheitsformel (wie »stets zu unserer vollsten Zufriedenheit«) und an die so genannten Geheimcodes, da diese in den Medien häufig zitiert werden.

Die Zeugnissprache ist jedoch sehr viel komplexer und so gibt es eine Vielzahl verschiedener Techniken, mit deren Hilfe einem fachkundigen Leser Kritik angedeutet werden kann:

2

Gar nicht geheim – Geheimcodes

Gibt es einen Geheimcode? Klare Antwort: Nein! Die Arbeitgeber haben sich nicht untereinander abgesprochen und es gibt auch keine geheimen Listen mit verschlüsselten Formulierungen, die nur die Personalchefs kennen. Vielmehr werden von Autoren, Journalisten, Institutionen und selbst ernannten Fachleuten ganz öffentlich Auflistungen mit doppeldeutigen Phrasen publiziert, die im Grunde alle auf den bereits genannten Techniken basieren.

Einige dieser Phrasen deuten zum Beispiel an, dass der Beurteilte zwar gewillt und vielleicht sogar auch befähigt war, aber dennoch kein oder nicht das erhoffte Resultat erzielte. Andere wiederum lassen durchblicken, dass ihm wichtige Fähigkeiten fehlten, man mit seinem Arbeitsstil, seiner Leistung oder seinem Verhalten nicht zufrieden war oder seine Arbeitsbereitschaft zu wünschen übrig ließ… Selbst für ein gewerkschaftliches Engagement oder eine Mitarbeit im Betriebs- beziehungsweise Personalrat finden sich in diesen Veröffentlichungen entsprechende Codes. Bestimmte Formulierungen werden aufgrund ihrer Skurrilität oder Plakativität besonders gerne zitiert und haben damit einen sehr hohen Bekanntheitsgrad erreicht. Schon aus diesem Grund finden sie in der Praxis nur äußerst selten Anwendung.

Vielfach sind die negativen Übersetzungen auch sehr weit hergeholt und entbehren jeglicher Grundlage. Daher sollten derartige Geheimcodes immer skeptisch betrachtet und hinterfragt werden.

»GEHEIMCODES LEISTUNG	Klartext
Er hat sich mit großem Eifer an die Aufgabe herangemacht und war erfolgreich. Sie erledigte alle Arbeiten mit großem Fleiß und Interesse/so gut er konnte/im Rahmen seiner Fähigkeiten. Er war bemüht/bestrebt/willens… Er hat sich angestrengt… Sie war immer mit Interesse bei der Sache. Er hat sich für die termingerechte Erledigung der Aufträge eingesetzt. Er verfügt über die notwendigen Kenntnisse, die er erfolgversprechend einsetzte. Sie hatte die Gelegenheit, … unter Beweis zu stellen.	Mangelhafte Leistung/ Erfolglosigkeit
Er verstand es, mit Erfolg zu delegieren. Sie zeigte für die Arbeit Verständnis.	Ließ lieber andere für sich arbeiten.
Sie verfügt über Fachwissen und zeigt gesundes Selbstvertrauen.	Große Klappe und nichts dahinter.
Er ist sehr tüchtig und weiß sich gut zu verkaufen.	Mehr Schein als Sein.
Sie erledigte ihre Aufgaben in der ihr eigenen Weise.	Anders, als wir es gern gehabt hätten.
Er war zuverlässig/gewissenhaft.	Er war da, wenn man ihn brauchte, er war aber nicht immer zu gebrauchen.
Sie hat alle Arbeiten ordnungsgemäß/ vorschriftsmäßig erledigt.	Bürokratische Arbeitsweise (»Dienst nach Vorschrift«)
Sie war allem Neuen gegenüber sehr aufgeschlossen.	Sie war wenig flexibel.

»GEHEIMCODES VERHALTEN	Klartext
Ihre umfangreiche Bildung machte sie zu einer gesuchten Gesprächspartnerin.	Man führte gerne private Schwätzchen mit ihr.
Im Kollegenkreis galt er als toleranter Mitarbeiter.	Mit Vorgesetzten hatte er Probleme.
Wir lernten ihn als umgänglichen Mitarbeiter kennen.	Man sah ihn lieber gehen als kommen.
Für die Belange der Belegschaft bewies er umfassendes Einfühlungsvermögen.	Er ist homosexuell.
Für die Belange der Belegschaft bewies sie stets Einfühlungsvermögen.	Sie suchte intime Kontakte.
Sie trug durch ihre Geselligkeit zur Verbesserung des Betriebsklimas bei.	Betriebsnudel/ggf. Alkoholkonsum im Dienst
Er war schnell beliebt.	Er hat sich angebiedert.
Sie war eine anspruchsvolle und kritische Mitarbeiterin.	Querulantin, Nörglerin
Er war wegen seiner Pünktlichkeit stets ein gutes Vorbild.	In jeder Hinsicht eine Niete
Im Umgang mit Kollegen und Vorgesetzten zeigte sie eine erfrischende Offenheit.	Vorlaut oder redselig

2

»GEHEIMCODES MITARBEITER-VERTRETUNG	Klartext
Er ist inner- und außerbetrieblich ein sehr engagierter Kollege. Zu erwähnen ist auch sein Engagement für ein öffentliches Ehrenamt. Er arbeitete vertrauensvoll mit der Geschäftsleitung zusammen und stand ihr kritisch und aufgeschlossen gegenüber. Er setzte sich für die Belange seiner Kollegen ein.	Achtung, der Mitarbeiter engagierte sich im Betriebs- oder Personalrat oder war gewerkschaftlich aktiv.

Natürlich können alle Phrasen sowohl in der weiblichen als auch männlichen Form stehen.

Absicht oder Zufall? – Geheimzeichen

Neben dem Geheimcode wird auch immer wieder von Geheimzeichen gesprochen. Gemeint sind damit kleine handschriftliche Striche bei der Unterschrift, die wie Ausrutscher aussehen. Ihnen werden folgende Bedeutungen zugeschrieben:

→ SENKRECHTER STRICH LINKS NEBEN DER UNTER-SCHRIFT:
Hinweis auf eine Gewerkschaftsmitgliedschaft

→ HÄKCHEN NACH LINKS:
Mitgliedschaft in einer linksgerichteten Partei

→ HÄKCHEN NACH RECHTS:
Mitgliedschaft in einer rechtsstehenden Partei

→ DOPPELTES HÄKCHEN NACH LINKS:
Mitgliedschaft in einer linksgerichteten oder verfassungsfeindlichen Organisation

Derartige Geheimzeichen oder Markierungen sind ebenfalls verboten und kommen in der Praxis so selten vor, dass ihre Erwähnung hier lediglich der Vollständigkeit halber erfolgt.

Wahrscheinlicher ist da schon der Einsatz von indirekten Zeichen, die dem fachkundigen Leser ein »Achtung!« signalisieren. Die Hervorhebung der Telefondurchwahl könnte beispielsweise als Aufforderung verstanden werden, den Zeugnisaussteller anzurufen, um Näheres beziehungsweise die Wahrheit zu erfahren. Steht die Unterschrift des Ausstellers unter dem in Maschinenschrift geschriebenen Namen, gilt dies als Hinweis auf einen unterdurchschnittlichen oder gar schlechten Mitarbeiter. Zwei Punkte am Satzende sehen nach einem Versehen aus. Sie können aber im Sinne von »…« andeuten, dass es noch sehr viel mehr zu sagen gäbe, worauf man aber im Zeugnis lieber verzichtet hat. Auch Ausrufezeichen, Unterstreichungen oder Anführungszeichen können in die Rubrik der Geheimzeichen eingeordnet werden. Denn sie signalisieren dem Leser ebenfalls Übertreibung, Ironie oder schlichtweg »Vorsicht«.

Verschlüsselungstechniken, mit denen Sie rechnen müssen

Neben diesen Geheimzeichen und -codes, die in der täglichen Praxis kaum relevant sind, gibt es auch eine ganze Reihe von zulässigen Verschlüsselungstechniken, die in der Zeugnissprache eine ganz wesentliche Rolle spielen.

> Das Urteil ist ein Satz, der Wahrheit oder Unwahrheit enthält.
>
> [Aristoteles | *griechischer Philosoph*]

Diese werden in den folgenden Abschnitten ausführlich beschrieben. Denn nur wer diese Techniken kennt und beherrscht, ist in der Lage ein Zeugnis verlässlich einzuschätzen beziehungsweise beim Schreiben gravierende Fehler zu vermeiden.

Leerstellentechnik

Bei der Leerstellentechnik werden einzelne Wörter, Aussagen oder ganze Zeugnispassagen weggelassen. Man spricht hierbei auch von »beredtem Schweigen«. Fehlt beispielsweise eine Aussage zur persönlichen Führung, ist davon auszugehen, dass es diesbezüglich massive Probleme gab – was einer mangelhaften/ungenügenden Beurteilung gleichkommt. Wird in der Verhaltensbeurteilung nur auf das Verhältnis zu den Kollegen eingegangen, ist daraus wiederum zu schließen, dass der Mitarbeiter auf wenig Akzeptanz und Anerkennung bei den Vorgesetzten stieß. Eine Wertung wie »erledigte alle Arbeiten mit großem Fleiß und Interesse« ist ebenfalls vernichtend, wenn nicht gleichzeitig auch von Erfolg die Rede ist. Der Leser wird davon ausgehen, dass sich der Arbeitnehmer zwar bemüht hat, aber letzten Endes nicht viel dabei herauskam.

Die Leerstellentechnik ist besonders subtil, da der ungeübte Leser meist gar nicht genau weiß, welche Aussagen in einem Zeugnis zu finden sein müssen – zumal dies je nach Beruf unterschiedlich sein kann. So darf beispielsweise bei einer Kassiererin der ausdrückliche Hinweis auf ihre Ehrlichkeit ebenso wenig fehlen wie bei einer Führungskraft die Bestätigung ihrer Loyalität.

Diese Technik wird sehr gern eingesetzt, weil sie dem Arbeitgeber nicht nur mühselige Sprachverrenkungen erspart, sondern ihm auch Rückzugsmöglichkeiten offen lässt. Kommt es zu Auseinandersetzungen mit dem Beurteilten, kann er immer noch vorgeben, diesen oder jenen Punkt schlichtweg vergessen zu haben.

TIPP

Kontrolle ist besser

→ Prüfen Sie Ihr Zeugnis sehr genau auf Vollständigkeit, auch wenn Sie wissen, dass man Ihnen ein gutes Zeugnis ausstellen wollte. Denn sehr oft werden einzelne Punkte tatsächlich aus Versehen, Unachtsamkeit oder einfach Unkenntnis vergessen.

Reihenfolgetechnik

In Zeugnissen kommt es sehr darauf an, in welcher Reihenfolge gewisse Aspekte genannt werden. Wird die übliche Reihenfolge nicht eingehalten, lässt dies negative Rückschlüsse zu. Beispiel: »Sein Verhalten zu Kollegen und Vorgesetzten war einwandfrei.« Diese Formulierung entspricht lediglich einer befriedigenden Bewertung und deutet an, dass der Beurteilte mit den

Kollegen sehr viel besser ausgekommen ist als mit seinen Vorgesetzten. Würden die Vorgesetzten hingegen an erster Stelle genannt werden, entspräche dies einer guten Beurteilung.

Auch in der Tätigkeitsbeschreibung müssen wichtige oder anspruchsvolle Aufgaben zuerst genannt werden. Steht bei einer Sekretärin das Öffnen der Post sowie das Weiterleiten von eingehenden Telefongesprächen vor der Korrespondenzführung, Terminkoordination oder Reiseorganisation, heißt das im Klartext: Von dieser Mitarbeiterin ist nicht viel zu erwarten. Sie setzt die falschen Schwerpunkte oder es sollten ihr lieber nur untergeordnete Aufgaben übertragen werden.

Negationstechnik

Während im normalen Sprachgebrauch eine doppelte Verneinung, die Verneinung des Gegenteils oder die Verneinung eines negativ besetzten Begriffs die Aussage eher verstärkt, hat dies in der Zeugnissprache die gegenteilige, das heißt, eine abwertende Bedeutung. Beispiele: »Er erzielte nicht unerhebliche Verkaufserfolge« – aber auch keine erheblichen. »Die Zusammenarbeit verlief ohne Beanstandungen« – aber nicht sehr angenehm. »Sein Verhalten war tadellos« – aber nicht gut. »Seine Vertrauenswürdigkeit stand außer Zweifel« – war aber nicht immer gegeben. »Wir können vorbehaltlos/ohne Bedenken versichern« – aber nicht mit voller Überzeugung.

Es gibt aber auch eine Ausnahme von der Regel: In der Verhaltensformel ist »einwandfrei« nämlich tatsächlich positiv auszulegen.

Passivierungstechnik

Die Passivierungstechnik wird in der Tätigkeitsbeschreibung eingesetzt, um Unselbstständigkeit und mangelnde Initiative auszudrücken. Beispiele: »hatte zu bearbeiten« statt »bearbeitete«, »wurde bei uns beschäftigt« statt, »war bei uns tätig« oder »hatte zu erledigen« statt »erledigte«. Einzelne Passivformulierungen sind allerdings unbedenklich.

Will der Aussteller auf diesem Wege Kritik andeuten, bedarf es schon einer Häufung solcher passiven Formulierungen.

Einschränkungstechnik

Einschränkungen sind in der Zeugnissprache immer negativ zu bewerten. Sie bringen im Grunde genau das Gegenteil von dem zum Ausdruck, was vordergründig gelobt wurde. »Sie bewies meist großes Verkaufstalent« heißt nämlich nichts anderes, als dass ihr dieses oft fehlte. »Er war im Allgemeinen zuverlässig« lässt durchblicken, dass man sich eben nicht immer auf ihn verlassen konnte. »Sie hat sich im Rahmen ihrer Fähigkeiten eingesetzt« heißt im Klartext: Sie hat getan, was sie konnte – aber das war nicht besonders viel. Bei der Formulierung »Er arbeitete eng mit verschiedenen Behörden zusammen. Dort galt er als Fachmann« kann man davon ausgehen, dass der Mitarbeiter intern nicht als Fachmann anerkannt war, da es sonst sicherlich »Auch dort galt er als Fachmann« geheißen hätte.

Auch Relativsätze relativieren, wie ihr Name schon sagt. So könnte zum Beispiel die Formulierung »Die Aufgaben, die wir ihr übertrugen, erledigte sie …« zum Ausdruck bringen, dass es der Beurteilten an Eigeninitiative mangelte und sie wirklich nur das machte, was man ihr explizit auftrug.

Widerspruchstechnik

Das gesamte Zeugnis muss in sich rund und schlüssig sein. Das ist zum Beispiel nicht der Fall, wenn trotz einer guten Leistungs- und Verhaltensbeurteilung das Ausscheiden des Beurteilten in keiner Weise bedauert wird und man ihm für die Mitarbeit nicht dankt. Ebenfalls seltsam

TIPP

Ohne Einschränkungen

→ Einschränkungen lassen bei Personalfachleuten immer die Alarmglocken schrillen. Achten Sie daher in Ihrem Zeugnis unbedingt auf Ausdrücke wie meist, in der Regel, im Allgemeinen, überwiegend, im Großen und Ganzen oder insgesamt.

ist es, wenn auf sehr gute Einzelbewertungen nur eine lediglich gute oder mittelmäßige Zufriedenheitsformel folgt – oder auch umgekehrt. Derartige Widersprüche in einem Zeugnis führen zu großem Misstrauen und Skepsis beim Leser.

Auch einzelne in sich widersprüchliche Aussagen sind negativ zu bewerten. Beispiele: »arbeitete nach Vorgaben selbstständig« oder »hat insgesamt erfolgreich gearbeitet, sodass wir mit ihren Leistungen stets außerordentlich zufrieden waren«.

Ausweichtechnik

Bei dieser Technik werden Selbstverständlichkeiten, Unwichtiges, Nebensächliches oder Banales in den Vordergrund gestellt. Das Wichtige fehlt entweder ganz oder wird nachrangig genannt. »Wegen seiner Pünktlichkeit war er stets ein gutes Vorbild« heißt im Klartext: Bei diesem Mitarbeiter gibt es außer der Pünktlichkeit nichts zu loben. Daher wird die früher weit verbreitete Triade »ehrlich, fleißig, pünktlich« heute allenfalls noch bei Arbeitern angewandt.

Andeutungstechnik

Hierzu gehören insbesondere mehrdeutige Aussagen, die das Misstrauen des Lesers wecken sollen. So lässt sich beispielsweise »so gut er konnte« mit »er konnte nicht viel« und »in der ihr eigenen Weise« mit »anders, als wir es gern gehabt hätten« übersetzen.

Doch Vorsicht! Leicht interpretiert man in solche Aussagen auch etwas hinein, was der Schreiber gar nicht beabsichtigt hat. Daher sollten Sie mit Ihrem gesunden Menschenverstand und vor allem mit Blick auf den Gesamtkontext immer prüfen, ob einer mehrdeutigen Aussage wirklich auch eine negative Intention des Zeugnisausstellers unterstellt werden kann. So ist sicherlich nicht jedem Arbeitgeber bewusst, dass er einen Geheimcode verwendet, wenn er den Mitarbeiter beispielsweise als »umgänglich« beschreibt.

Knappheits- und Ausführlichkeitstechnik

Zwar sollte ein Zeugnis die einzelnen Aussagen kurz und prägnant auf den Punkt bringen, doch das Sprichwort »In der Kürze liegt die Würze« gilt dabei nicht uneingeschränkt. Fallen das Zeugnis oder einzelne Passagen nämlich insgesamt sehr kurz aus, wirkt diese Kürze geringschätzig. So wird der Leser beispielsweise bei einem einseitigen Zeugnis einer langjährig beschäftigten Fach- oder Führungskraft von vornherein von einem schlechten Zeugnis ausgehen.

Umgekehrt ist aber auch Ausführlichkeit nicht immer positiv zu bewerten, zumindest, wenn neben einer sehr ausführlichen Passage eine andere nur sehr knapp ausfällt. Beschränkt man sich zum Beispiel in der Leistungsbeurteilung auf zwei, drei kurze Sätze, während die Tätigkeit außerordentlich lang beschrieben wird, kann man davon ausgehen, dass die magere Leistungsbeurteilung damit kaschiert werden sollte.

Der Kontext entscheidet

Der Umgang mit Zeugnissen ist immer subjektiv und wird durch verschiedene Faktoren beeinflusst. Dabei spielen nicht nur die Vorkenntnisse, sondern auch die Ausdrucksfähigkeit des Ausstellers sowie die Interpretationsfähigkeit des Lesers eine wichtige Rolle. Auch wenn viel über Zeugnissprache gesprochen und geschrieben wird, hat sich bis heute kein einheitlicher, verbindlicher Sprachgebrauch herausgebildet. Stattdessen herrscht teilweise erhebliche Verwirrung bei der praktischen Anwendung der verschiedenen Techniken und Phrasen. Selbst in der Rechtsprechung und Fachliteratur finden sich immer wieder unterschiedliche Auslegungen einzelner Formulierungen. Die Folge: Die Zeugnissprache wird immer komplexer und nuancierter. Daher ist es ratsam, sie nicht überzubewerten und bei der Zeugnisanalyse auch das intuitive Urteilsvermögen einzusetzen.

Betrachten Sie die einzelnen Aussagen daher immer im Gesamtzusammenhang, denn bei der Bewertung einzelner, aus dem Zusammenhang herausgelöster Sätze besteht schnell die Gefahr der Fehlinterpretation. Folgendes Beispiel verdeutlicht die Problematik: Ein Zeugnis beinhaltet den Satz »Er ist ein zuverlässiger Mitarbeiter«. Da diese Phrase auch als so genannter

Jung oder alt?

→ Deutet ein antiquierter Sprachgebrauch auf einen älteren Aussteller hin, sollten Sie bei einem Fehlen der Dankes-Bedauern-Formel nachsichtiger sein. Früher waren Dankes- und Bedauernsäußerungen in Zeugnissen nämlich keineswegs üblich.

Geheimcode für die Aussage »Er ist zur Stelle, wenn man ihn braucht, allerdings ist er nicht immer zu gebrauchen« gilt, beginnen Sie an der guten Beurteilung der Leistung zu zweifeln. Zuverlässigkeit ist aber durchaus eine von Arbeitgebern geschätzte Eigenschaft und wird in Zeugnissen sehr häufig gelobt. Eine negative Auslegung wäre daher völlig überzogen, wenn es sich ansonsten um ein gutes oder durchschnittliches Zeugnis handelt.

Bei einem ungeübten Zeugnisaussteller – der meist schon an einem sehr unprofessionellen Zeugnisaufbau oder einer unüblichen Zeugnisaufmachung zu erkennen ist – wird der Fachmann sicherlich weniger strenge Interpretationsmaßstäbe anlegen und zu Gute halten, dass der Aussteller das Zeugnis mit seinen eigenen Worten frei von jeglicher Zeugnissprache formuliert hat. Etwaige Sprachcodes oder Zeugnistechniken wären dann rein zufällig und ohne Hintergedanken. Darauf sollten Sie als Zeugnisempfänger jedoch nicht vertrauen. Insbesondere wenn beim Aussteller ein Halbwissen um die Zeugnissprache und -techniken vorhanden ist und nicht definitiv von einem Laien ausgegangen werden kann. Daher sollten Sie ein solches Zeugnis reklamieren und auf klare Aussagen in einem bei Zeugnissen üblichen Sprachgebrauch bestehen.

Loben –
aber richtig

Es kommt nicht nur darauf an, wie gelobt wird, sondern auch, was gelobt wird. Dabei ist nicht Masse, sondern vielmehr Klasse gefragt. Denn werden zum Beispiel 20 hervorragende Fähigkeiten herausgestellt, wirkt dies wenig glaubwürdig. Stattdessen sollten vor allem die Leistungs- und Verhaltensattribute genannt werden, die für die beschriebene Tätigkeit besonders relevant sind und die ein Leser im Zeugnis erwarten würde. Weniger wichtige oder gar für die Aufgabe irrelevante Fähigkeiten (zum Beispiel Kreativität bei einem Buchhalter) sollten nicht aufgeführt sein, da diese sehr schnell als Kritik und nicht als Lob interpretiert werden könnten.

Was ein gutes Zeugnis auszeichnet

Ist ein Zeugnis nicht schlecht – beziehungsweise wurden die im vorherigen Kapitel beschriebenen Phrasen oder Techniken nicht angewandt –, heißt das im Umkehrschluss noch lange nicht, dass es sich automatisch um ein gutes Zeugnis handelt. Unter Umständen gehört es lediglich zu der breiten Masse an mittelmäßigen Standardzeugnissen. Selbst wenn das Zeugnis eine sehr gute Zufriedenheitsformel beinhaltet, ist noch nicht gesagt, dass es sich um ein gutes oder sogar sehr gutes Zeugnis handelt. Da viele Arbeitnehmer bei der Überprüfung ihres Zeugnisses stark auf diese Floskel fixiert sind und diese darüber hinaus oft isoliert betrachten, wenden Arbeitgeber sie sehr großzügig an und relativieren ihre Aussage dann durch mittelmäßige Bewertungen einzelner Leistungskriterien oder durch weniger gute Schlussformulierungen. Daher sollten Sie die Zufriedenheitsformel nicht überbewerten, sondern das Zeugnis stets in seiner Gesamtheit betrachten.

Was ein gutes Zeugnis in erster Linie ausmacht, ist Individualität, die eine entscheidende Voraussetzung für Glaubwürdigkeit ist. Denn was nützt ein gutes Zeugnis, wenn der Leser den Eindruck gewinnt, dass die Leistungs- oder Verhaltensbeurteilung nur wenig mit dem Mitarbeiter zu tun hat. Eine individuelle Beschreibung des Arbeitserfolgs und die Nennung von Eigenschaften, Fähigkeiten und Verhaltensweisen mit konkretem Bezug zur Tätigkeit und zu den damit verbundenen Anforderungen verleihen dem Zeugnis hingegen eine persönliche Note. Da tut es einem sehr guten Zeugnis auch keinen Abbruch, wenn die eine oder andere Einzelbewertung mal nur gut oder gar befriedigend ausfällt.

Weitere wichtige Punkte sind die Zufriedenheitsformel, die Verhaltensformel sowie die Dankes-Bedauern-Formel am Schluss, die entsprechend der Positivskala (→ Seite 45 ff.) mit Steigerungsformen und Temporaladverbien ausgeschmückt sein sollten. Sind diese Aspekte nicht einheitlich gut, wirkt das Zeugnis ungereimt und eröffnet Interpretationsspielräume.

Kann ein Zeugnis zu gut sein?

Jein. Ein überschäumendes Einser-Zeugnis weckt schnell Skepsis oder vermittelt den unangenehmen Beigeschmack von Strebertum. Werden aber in einem angemessenen Umfang die für die Tätigkeit und Position wesentlichen Attribute genannt und diese in ein stimmiges, individuelles Gesamtbild – insbesondere mit den entsprechenden Schlussformulierungen – gestellt, so wird auch

TIPP

Ein gutes Zeugnis

→ Ein gutes Zeugnis vermittelt dem Leser den Eindruck, dass sich der Aussteller – als ein Zeichen der Wertschätzung – sehr viel Mühe beim Schreiben gegeben hat. Darüber hinaus muss es ausführlich, aussagekräftig, proportional ausgewogen und vollständig sein.

TIPP

ein brillantes Zeugnis sicherlich als ein solches verstanden werden und nicht als Gefälligkeitszeugnis abgetan.

Häufige Fehler beim Loben

Auch dem ungeübten Zeugnisschreiber unterlaufen – selbst bei bester Absicht – schnell Fehler. Insbesondere wenn man sein eigenes Zeugnis schreibt, kommt es vor, dass sich aufgrund des mangelnden Abstandes und der subjektiven Sichtweise Proportionen verschieben oder Dinge vergessen werden.

Einer der häufigsten Fehler ist dabei eine zu bescheidene Darstellung der Leistung und des Verhaltens. Vielen erscheint die häufige Verwendung von Steigerungsformen oder gar Superlativen zu übertrieben – denn schließlich hat man schon als Kind gelernt, dass Eigenlob stinkt.

Oft werden aus Bescheidenheit auch einschränkende Adjektive verwendet. Schreiben Sie beispielsweise »arbeitete überwiegend selbstständig«, weil Sie sich in der Realität natürlich mit Ihrem Vorgesetzten abstimmen mussten und weisungsgebunden waren, so heißt dies in der Zeugnissprache, dass Ihre Selbstständigkeit zu wünschen übrig ließ.

Da man in einem Satz inhaltlich möglichst viel unterbringen möchte, kommt es gelegentlich auch zu ungewollten Einschränkungen. Diese werden in der Zeugnissprache aber üblicherweise als Kritik verstanden. Folgender Fall verdeutlicht diese Problematik: Sie wollen hinsichtlich der Arbeitsbereitschaft besonders Ihre Eigeninitiative loben. Darüber hinaus wollen Sie herausstellen, dass Sie auch anspruchsvolle Aufgaben bearbeitet beziehungsweise gelöst haben. Heraus kommt die Formulierung: »Er zeigte große Eigeninitiative bei der Lösung anspruchsvoller Aufgaben.« Das klingt schön, heißt aber im Klartext, dass es mit Ihrer Eigeninitiative bei der Bewältigung der Routineaufgaben nicht weit her war. Dieser Fehler ließe sich durch die Einfügung eines »auch« leicht vermeiden. So hieße es dann: »Auch bei der Lösung anspruchsvoller Aufgaben zeigte er große Eigeninitiative.«

Ein weiterer häufiger Fehler bei der Erstellung eines Zeugnisses ist die zu starke Konzentration auf die Aufgabenbeschreibung. Dabei werden neben einer detaillierten Beschreibung der Kernaufgaben auch viele weniger wichtige Tätigkeiten genannt, sodass am Ende kaum Platz für eine angemessene und aussagekräftige Leistungs- und Verhaltensbeurteilung bleibt. Bei solchen Zeugnissen wird der fachkundige Leser sehr wahrscheinlich von einem selbst verfassten Zeugnis ausgehen, was hinsichtlich der Glaubhaftigkeit der Leistungs- und Verhaltensbeurteilung große Skepsis wecken wird.

Sehr schnell passiert es auch, dass man eine Aussage zu einem Leistungskriterium oder gar die Zufriedenheitsformel vergisst. Prüfen Sie daher anhand der Gliederungsübersicht zum Schluss noch einmal (→ Umschlagklappe), ob alles Wesentliche genannt wurde. Dabei hilft es manchmal, sich für einen Moment in den potenziellen neuen Arbeitgeber hineinzuversetzen. Überlegen Sie, welche Angaben dieser bei einem Mitarbeiter mit Ihrer Tätigkeitsbeschreibung erwarten beziehungsweise erhoffen würde.

Vielfach wird auch aus Versehen die Negationstechnik verwendet. Denn im normalen Sprachgebrauch sind doppelte Verneinungen oder die Negation von Negativbegriffen (zum Beispiel reibungslos, ungetrübt, nicht zu beanstanden) ganz üblich und keineswegs negativ gemeint.

Es ist ein Zeichen von Mittelmäßigkeit, nur mittelmäßig zu loben.

[Benjamin Franklin | *amerikanischer Politiker und Naturwissenschaftler*]

Zeugnis in Perfektion –
Gliederung und Inhalt

→ Zu wissen, wie Lob und Tadel in einem Zeugnis ausgedrückt werden, ist die eine Sache. Sie sollten aber auch wissen, wie sich ein Zeugnis gliedert, welche Inhalte es abdecken muss, wie umfangreich welche Themen behandelt werden sollten und wie Sie ihm den letzten Schliff geben. Die Antworten auf diese Fragen sowie zahlreiche Formulierungsbeispiele finden Sie in diesem Kapitel.

Auch auf das
Äußere
kommt es an

Schon das Äußere eines Zeugnisses sagt einiges sowohl über das ausstellende Unternehmen als auch über den beurteilten Mitarbeiter aus. So fallen zum Beispiel Tippfehler oder Brüche in der Gestaltung (wechselnder Zeilenabstand, Wechsel zwischen linksbündiger Schreibweise und Blocksatz, uneinheitliche Aufzählungspunkte, unlogische, nicht nachvollziehbare Absätze oder Ähnliches) negativ auf den Aussteller und den Mitarbeiter zurück.

Papier und Schriftform

Ein Zeugnis muss maschinenschriftlich erstellt werden. Es muss sauber und ordentlich sein und darf keine Flecken oder Rechtschreibfehler aufweisen. Handschriftliche Korrekturen, Streichungen oder Anmerkungen sind ebenfalls nicht erlaubt. Das Falten des Zeugnisses zum Zwecke des Versands ist nach jüngster Rechtsprechung jedoch zulässig. Darüber hinaus muss das Zeugnis auf dem Geschäftspapier des Unternehmens geschrieben werden.

Viele Unternehmen verwenden hierfür so genannte »Briefbögen zweite Seite«, die meist nur das Firmenlogo tragen. Dadurch soll dem Zeugnis ein stärkerer Dokumentencharakter verliehen werden, was in der Regel auch der Fall ist und schöner aussieht. Formal jedoch muss aus dem Zeugnis auch die Anschrift des Ausstellers hervorgehen, um etwaige Rückfragen zu ermöglichen.

3

Vergangenheit oder Gegenwart?

Endzeugnisse werden üblicherweise in der Vergangenheitsform und Zwischenzeugnisse in der Gegenwartsform verfasst. Lediglich beim Fachwissen macht man eine Ausnahme und formuliert auch in einem Endzeugnis diesen Punkt in der Gegenwartsform. Denn es ist ja davon auszugehen, dass der beurteilte auch nach dem Ausscheiden noch über die entsprechenden Kenntnisse und Berufserfahrung verfügt.

Ist ein Zwischenzeugnis in der Vergangenheitsform verfasst, kann dies als Hinweis auf eine bevorstehende oder eventuell bereits ausgesprochene Kündigung verstanden werden.

Abkürzungen vermeiden

Ein Zeugnis muss für jedermann und somit auch für Branchenfremde verständlich sein. Daher sollten Sie fachspezifische Abkürzungen oder Bezeichnungen aus dem betriebsinternen Sprachgebrauch (zum Beispiel Abteilungskürzel) darin nicht verwenden. Aber auch gebräuchliche Abkürzungen, wie zum Beispiel »geb.« oder »u. a.« sollten nicht enthalten sein, da sie ein wenig abwertend wirken. Schließlich handelt es sich bei einem Zeugnis um ein besonderes Dokument und nicht um einen normalen Schriftsatz, so dass man beim Aussteller schon eine gewisse Mühe und Sorgfalt erwarten kann.

Was muss in welcher Reihenfolge stehen?

Laut einem Urteil des Landesarbeitsgerichts Hamm muss der Arbeitgeber bei der Zeugniserstellung nicht nur die Zeugnissprache, sondern auch die gebräuchliche Gliederung beachten. Diese sieht wie folgt aus: Überschrift, Einleitung, Positionsbeschreibung, Tätigkeitsbeschreibung, Leistungsbeurteilung, Verhaltensbeurteilung und die Schlussformulierungen.

An diese Gliederung sollten Sie sich beim Schreiben Ihres Zeugnisses nicht nur aufgrund der juristischen Vorgabe halten, sondern auch, um eine unprofessionell wirkende Vermischung der verschiedenen Elemente zu vermeiden. Sie ermöglichen dem Leser so das gezielte Auffinden sowie das schnelle Erfassen aller wesentlichen Informationen und stellen zudem sicher, dass Ihr Zeugnis auch wirklich richtig zur Geltung kommt. Eine entsprechende Schritt-für-Schritt-Anleitung finden Sie auf der hinteren Umschlagklappe.

Auch könnte die Verletzung des üblichen Aufbaus als versteckte Kritik verstanden werden, da die Reihenfolge gerade in Arbeitszeugnissen eine besondere Rolle spielt. Wird beispielsweise erst das Verhalten und dann in nur wenigen Sätzen die Leistung gewürdigt, stellt dies eine Abwertung der Leistung dar.

Längen und Proportionen

Positive beziehungsweise negative Bewertungen sind keineswegs nur im Leistungs- und Verhaltensteil zu finden. Schon der Umfang und die Proportionen eines Zeugnisses können Lob oder Tadel zum Ausdruck bringen. Wird beispielsweise ein leitender Angestellter nach 15-jähriger Unternehmenszugehörigkeit nur mit einem knapp einseitigen Zeugnis abgespeist, so bringt dies nicht gerade große Wertschätzung

TIPP

Gut proportioniert

→ Einleitung zirka 8 Prozent

→ Positions- und Tätigkeitsbeschreibung zirka 40 Prozent

→ Leistungsbeurteilung zirka 25 Prozent

→ Schlussformulierungen zirka 15 Prozent

3

zum Ausdruck. Aber auch ein zweiseitiges Zeugnis, in dem die Tätigkeitsbeschreibung 80 Prozent des Gesamtumfangs ausmacht, würde negativ auffallen. Der Leser wird in diesem Fall davon ausgehen, dass damit Leerstellen in der Leistungs- oder Verhaltensbewertung kaschiert werden sollen.

Fehlen einzelne Passagen ganz, ist in jedem Fall von einem »beredten Schweigen« auszugehen. Wird also zum Beispiel ausführlich auf die Tätigkeit und Leistung eingegangen, aber nichts zum Verhalten des Mitarbeiters ausgesagt, heißt dies im Klartext, dass es massive Probleme im Umgang mit Vorgesetzten und/oder Kollegen beziehungsweise Geschäftspartnern gab.

Die Länge eines Zeugnisses hängt von vielen Faktoren ab. So beeinflussen nicht nur gestalterische Elemente, wie zum Beispiel Schriftgröße, Zeilenabstand oder Textbreite, die Gesamtlänge, sondern auch Aspekte wie Beschäftigungsdauer, hierarchische Position oder die Häufigkeit des internen Tätigkeitswechsels. Grundsätzlich gilt, dass ein Zeugnis maximal zwei Seiten umfassen sollte, bei äußerst langer Beschäftigungsdauer und/oder häufigem Tätigkeitswechsel auch drei Seiten (zirka 60 Prozent aller guten Zeugnisse von Fach- und Führungskräften erstrecken sich über zwei Seiten). Schwieriger ist es, einen Minimalumfang festzulegen. Hier können Zahlen wie 300 bis 350 Wörter oder 2.100 bis 2.800 Zeichen nur als grober Richtwert dienen.

Wer, was, wo, wie lange – die Einleitung

Die Einleitung beinhaltet eine ganze Reihe grundlegender Informationen über den Zeugnisempfänger sowie über Art und Dauer des Beschäftigungsverhältnisses. Schon aus der Überschrift kann man erken-

nen, um was für einen Mitarbeiter es sich handelt (zum Beispiel Auszubildender oder Praktikant) und ob das Arbeitsverhältnis gekündigt
ist oder weiter fortbesteht. Ob man ein Endzeugnis dabei mit »Zeugnis«, »Arbeitszeugnis« oder »Dienstzeugnis« überschreibt, ist letztlich
Geschmackssache und hat keinerlei Auswirkung auf die inhaltliche
Interpretation. Die am häufigsten verwendete Bezeichnung ist jedoch
schlicht »Zeugnis«.

Bei einem Zwischenzeugnis ist das Arbeitsverhältnis ungekündigt, während
bei einem vorläufigen Zeugnis eine Kündigung bereits erfolgt ist, der
Austritt aus dem Unternehmen aufgrund einer sehr langen Kündigungsfrist aber erst in einigen Wochen oder Monaten stattfinden wird.

Geeignete Überschriften für ein Zeugnis sind:

- Zeugnis
- Arbeitszeugnis
- Dienstzeugnis
- Ausbildungszeugnis
- Praktikums-/Praktikantenzeugnis
- Volontariats-/Volontärszeugnis
- Vorläufiges Zeugnis
- Zwischenzeugnis

Ungeeignet sind hingegen folgende Überschriften:

- Endzeugnis
- Abschlusszeugnis
- Qualifiziertes Zeugnis
- Einfaches Zeugnis
- Bescheinigung
- Arbeitsbescheinigung
- Arbeitsnachweis

Gegebenenfalls erhält der Leser im Eingangsteil auch zusätzlich Informationen über das Unternehmen, die helfen sollen, die Tätigkeit des Mitarbeiters besser einzuschätzen.

Da sich das Endzeugnis auf die gesamte Dauer des Arbeitsverhältnisses beziehen muss, reicht es nicht aus, wenn auf frühere Zwischenzeugnisse verwiesen wird. Die einzige Ausnahme bildet hier das Ausbildungszeugnis: Es behält auch bei einem späteren Zeugnis des gleichen Arbeitgebers seine Gültigkeit.

Neben den sachlichen Informationen kann der Eingangsteil aber auch Wertungen enthalten. Wird beispielsweise durch die Formulierung »Das Arbeitsverhältnis dauerte von … bis …« lediglich die rechtliche Existenz des Arbeitsverhältnisses hervorgehoben, so kann dies bedeuten, dass das Arbeitsverhältnis in erster Linie auf dem Papier bestand und der Mitarbeiter in der Praxis nur kurze Zeit wirklich gearbeitet hat.

>> TEXTBAUSTEINE Einleitung

ENDZEUGNIS

- Herr Diplom-Ingenieur Dr. Rolf Kaufmann, geboren am 07. September 1963 in Oldenburg, war vom … bis zum … als Bereichsleiter Forschung & Entwicklung am Standort … für uns tätig.

ZWISCHENZEUGNIS

- … trat am … als … in unser Unternehmen ein. Zunächst erhielt Herr … eine Ausbildung zum …, die er mit sehr gutem Erfolg abschloss. Ein Ausbildungszeugnis vom … gibt hierüber genauere Auskunft. Nach erfolgreichem Bestehen seiner Abschlussprüfung übernahmen wir ihn am … in ein festes Angestelltenverhältnis als …

AUSBILDUNGSZEUGNIS

- … wurde vom … bis … bei uns erfolgreich zum … ausgebildet.
- … absolvierte erfolgreich eine Ausbildung zum …
- … erlernte mit [sehr gutem/gutem] Erfolg den Beruf des …
- … war vom … bis zum erfolgreichen Abschluss am … bei uns als Auszubildender für den Beruf des … tätig.

- … begann am … ihre Ausbildung zur …, die am … mit der erfolgreichen Abschlussprüfung vor der …kammer endete.

BEI FÜHRUNGSKRÄFTEN

- In dieser Position zeichnete Herr … mit Prokura.
- Als Abteilungsleiterin Key Account Management berichtete Frau … direkt an die Geschäftsführung und war fachlich wie disziplinarisch für die Führung eines Teams von 16 Mitarbeitern verantwortlich.
- Herr … hat die Bereiche … mit insgesamt 55 Mitarbeitern, davon 3 mit direkter Unterstellung verantwortet.

Angaben über den Zeugnisempfänger

Üblich ist die Nennung von Titel (sofern vorhanden), Vor- und Zuname, Geburtsdatum und -ort. Die Angabe des Mädchennamens ist nicht mehr zeitgemäß. Hinzugefügt werden kann auch der akademische Grad wie zum Beispiel »Diplom-Betriebswirtin«. Dies ist jedoch außer bei Diplom-Ingenieuren keine gängige Praxis.

Manchmal findet sich in der Einleitungszeile auch die Anschrift des Beurteilten. Diese hat aber in einem Zeugnis nichts zu suchen, zumal aus ihr manchmal Rückschlüsse auf das private Umfeld gezogen werden können. Darüber hinaus ist die Anschrift zur genaueren Identifizierung ohnehin ungeeignet, da sie sich jederzeit ändern kann.

Beschäftigungszeitraum und -umfang

Aus dem Zeugnis muss hervorgehen, wie lange das Beschäftigungsverhältnis genau bestand oder – bei einem Zwischenzeugnis – seit wann es besteht. Üblicherweise wird diese Angabe in der Einleitung gemacht. Häufig wird an dieser Stelle aber auch nur das Eintrittsdatum und später in den Schlussformulierungen dann der Austrittstermin genannt.

Das Austrittsdatum ist der Tag, an dem das Arbeitsverhältnis rechtlich gesehen endet. Dieser kann jedoch aufgrund noch bestehender Urlaubsansprüche oder einer Freistellung durchaus vom letzten Arbeitstag des Mitarbeiters abweichen.

Handelt es sich bei dem Austrittsdatum um ein »krummes« Datum, wird dies beim Leser sicherlich die Alarmglocken klingen lassen. Er könnte hierin einen Hinweis auf eine fristlose Kündigung oder einen gerichtlichen Vergleich sehen. Deshalb sollte es nicht unerläutert bleiben, wenn Sie an einem solchen »krummen« Datum ausscheiden. Fügen Sie das Wort »fristgemäß« ein, wenn Ihre Kündigungsfrist zu diesem Termin geführt hat, was zum Beispiel in der Probezeit durchaus der Fall sein kann. Oder geben Sie an, wenn man Sie auf Ihren Wunsch hin, beispielsweise wegen eines Umzugs oder des Beginns einer neuen Tätigkeit, vorzeitig hat gehen lassen.

Damit kein falsches Bild vom Ausmaß der erworbenen Berufserfahrung entsteht, muss bei Teilzeitkräften neben der Beschäftigungsdauer auch der Beschäftigungsumfang angegeben werden. Dies erfolgt meist in Form der Wochenarbeitsstunden/-zeiten. Aus demselben Grund werden oftmals auch erhebliche Fehlzeiten wie Elternzeit, Wehr- beziehungsweise Zivildienst oder eine Freistellung für ein Studium erwähnt. Rechtlich zulässig ist dies jedoch nur dann, wenn die Fehlzeiten für das Arbeitsverhältnis prägend waren. Das trifft auf eine Fehlzeit von beispielsweise 1 Jahr bei einer Gesamtbeschäftigungsdauer von 2 Jahren sicherlich zu. Bei einer Beschäftigungsdauer von 15 Jahren wäre eine solche Fehlzeit hingegen zu vernachlässigen.

Bei Auszubildenden sollte nicht nur das Datum des Ausbildungsendes angegeben werden, sondern auch ein Hinweis auf die bestandene Abschlussprüfung (→ Seite 22).

>> **TEXTBAUSTEINE** Einleitung

BEFRISTETES ARBEITSVERHÄLTNIS

- … war vom … bis zum … im Rahmen eines befristeten Arbeitsverhältnisses als … in der Abteilung … tätig.
- … war vom … bis zum … mit einer wöchentlichen Arbeitszeit von … in der Geschäftsstelle … als befristet angestellte Projektreferentin tätig.

TEILZEIT-BESCHÄFTIGUNG

- Ihre wöchentliche Arbeitszeit betrug 20 Stunden.

LANGFRISTIG UNTERBROCHENES ARBEITSVERHÄLTNIS

- Vom … bis zum … war sie in Elternzeit.
- Zur Ableistung seines Wehrdienstes war das Arbeitsverhältnis vom … bis zum … unterbrochen.
- Für die Dauer ihres Studiums vom … bis zum … war sie freigestellt und das Arbeitsverhältnis ruhte.

Tätigkeitsbezeichnung und Einsatzort

Wenn sich der Aufgabenbereich im Laufe der Beschäftigung nicht häufiger geändert hat, kann bereits im Einleitungssatz erwähnt werden, als was und wo Sie tätig waren (in welchem Bereich oder in welcher Abteilung). Dies erhöht die Übersichtlichkeit.

Die Tätigkeitsbezeichnung ist aber nicht mit der Berufsbezeichnung zu verwechseln und sollte nach Möglichkeit auch Aufschluss über die hierarchische Stellung geben. Es ist für den Leser wenig aufschlussreich, wenn es heißt »… war in unserem Hause als Betriebswirtin beschäftigt«. Informativer wäre die Formulierung »… war in unserem Hause als Abteilungsleiterin Qualitätssicherung tätig«.

Betriebsübergänge und Umfirmierungen

Oftmals kommt es vor, dass ein Unternehmen aufgekauft wird, Tochterunternehmen abspaltet oder einfach nur umfirmiert. Dies sollte möglichst schon im Einleitungssatz erwähnt werden, da der innerbetriebliche Werdegang für einen Dritten sonst unter Umständen nicht richtig oder nur schwer nachzuvollziehen ist.

>>TEXTBAUSTEINE Einleitung

UMFIRMIERUNG

- Mit Wirkung vom … erfolgte eine Umfirmierung in …

BETRIEBSÜBERGANG

- Aufgrund eines Betriebsübergangs zum 01. 10. 1996 wurde das Dienstverhältnis auf die … GmbH übertragen.
- Im Zuge einer Neuordnung wurde die Gesellschaft zum … in die … GmbH eingebracht und das Dienstverhältnis mit gleicher Aufgabenstellung fortgeführt.

Unternehmensdarstellung

Eine kurze Unternehmensdarstellung ist häufig sinnvoll, um den Aufgaben- und Verantwortungsbereich des zu Beurteilenden besser einschätzen zu können. Dies gilt insbesondere dann, wenn es sich um ein kleineres Unternehmen handelt und aus dem Firmennamen keinerlei Informationen über Branche oder Unternehmenszweck hervorgehen. So ist beispielsweise eine kurze Skizzierung der Art und Größe des Unternehmens (zum Beispiel Mitarbeiterzahl, Umsatz oder Bilanzsumme) sehr viel sagend bezüglich des Verantwortungsumfangs eines Betriebsleiters. Bei einem Vertriebsmitarbeiter wären hingegen Angaben zu den Produkten, zur Marktposition (weltweiter Anbieter, Marktführer…), zu den Absatzwegen und Vertriebskanälen sowie über die Art der Kunden interessant.

Dabei sollte aber immer im Auge behalten werden, dass bei einem Arbeitszeugnis der zu Beurteilende und nicht das Unternehmen im Mittelpunkt steht. Eine ausschweifende Unternehmensdarstellung mit nur geringem Bezug zur eigentlichen Tätigkeit, ist nicht angebracht. Zwei bis drei Sätze reichen in der Regel vollkommen aus. Auch sollte diese Darstellung nicht an den Anfang eines Zeugnisses gestellt werden, sondern erst im Anschluss an die Einleitung erfolgen. Anderenfalls wird signalisiert: Der Beurteilte war nicht so wichtig…

Noch mehr Infos –
die Positions- und
Aufgabenbeschreibung

Ein Zeugnis soll nicht nur bewerten, sondern auch informieren. So interessiert den Leser neben der Frage, was für Fähigkeiten und Eigenschaften ein Bewerber hat, natürlich auch die Frage, wie viel beziehungsweise was für Berufserfahrung er mitbringt. Aus diesem Grund kommt einer ausführlichen und aussagekräftigen Positions- und Tätigkeitsbeschreibung ein sehr hoher Stellenwert zu.

Bereits aus dem Umfang lassen sich erste Schlüsse ziehen: Ist die Tätigkeitsbeschreibung inhaltlich äußerst mager und nichts sagend, erweckt das den Eindruck, dass der Beurteilte der Mühe einer detaillierten Darstellung nicht wert war (→ Knappheitstechnik, Seite 58). Ist die Tätigkeitsbeschreibung dagegen auffällig lang, könnte dies unter Umständen daran liegen, dass Leerstellen in der Leistungs- oder Verhaltensbeurteilung kaschiert werden sollen (→ Ausführlichkeitstechnik, Seite 58).

Der angemessene Umfang der Positions- und Tätigkeitsbeschreibung richtet sich unter anderem nach der Beschäftigungsdauer, Position sowie der Art der Tätigkeit und sollte zirka 40 Prozent der Gesamtzeugnislänge betragen. Je länger der zu Beurteilende beschäftigt war, je öfter er intern die Position gewechselt hat und je qualifizierter seine Tätigkeiten waren, desto ausführlicher muss dieser Part sein. Bei der Zeugniserstellung sollten Sie jedoch darauf achten, dass die Darstellung, zum Beispiel durch eine tabellarische Aufzählung, übersichtlich und schnell erfassbar bleibt. Beschränken Sie sich auf die Nennung von Schwerpunkten und Kernaufgaben. Eine interne Stellenbeschreibung kann dabei als Vorlage eine gute Hilfe sein.

>> TEXTBAUSTEINE Positions- und Aufgabenbeschreibung

TÄTIGKEITSBESCHREIBUNG

- Ihr vielseitiger Wirkungsbereich beinhaltete folgende Tätigkeitsschwerpunkte: [Aufzählung]
- Herr … war mit … betraut. Zu seinem Verantwortungsbereich zählten insbesondere …
- Ihr komplexer und breit gefächerter Tätigkeitsbereich umfasste die selbstständige Erledigung folgender Aufgaben: [Aufzählung]
- Er betreute ein sehr komplexes Aufgabengebiet und führte im Wesentlichen … durch. Darüber hinaus bearbeitete er … und war zudem an … beteiligt.
- In dieser mit großem Gestaltungsspielraum und Eigenverantwortung ausgestatteten Führungsposition übernahm er folgende Kernaufgaben: [Aufzählung]
- Neben seinen Projekteinsätzen übernahm Herr … eine leitende Rolle im Rahmen der …
- Zum … erweiterte sich ihr Verantwortungsbereich um die Zuständigkeit für …

Lassen Sie sich durch die straffe und übersichtliche Gliederung aber nicht zu pauschalen Aussagen und einer auf einzelne Schlagworte reduzierten Aufzählung verleiten. So kann beispielsweise der Aufzählungspunkt »administrative Aufgaben« alles und nichts umfassen und hat damit für den Leser nur einen äußerst eingeschränkten Informationswert. Auch bei allgemein bekannten Berufsbildern sollten Sie die Tätigkeit konkret beschreiben, da sich hinter gleichen Begriffen häufig sehr unterschiedliche Aufgabenbereiche und Kompetenzen verbergen. Eine Angabe wie »Sie war für die Erledigung aller in einem Sekretariat anfallenden Aufgaben zuständig« ist ungenügend.

Neben den Routineaufgaben können Sie auch Sonderaufgaben sowie Projekte und Ausschüsse aufführen, sofern Sie an diesen in nennenswerter Weise mitgewirkt haben. Zudem sollten Sie regelmäßige Vertretungsaufgaben erwähnen – insbesondere wenn Sie ranghöhere Mitarbeiter vertreten haben. Konkrete tätigkeitsrelevante Informationen, wie zum Beispiel eingesetzte Software, Geräte und Techniken oder die Höhe von Kostenbudgets, Auftragsvolumen etc. können ebenfalls den individuellen Informationswert steigern.

Wie schon im Einleitungssatz sollten Sie auch bei der Positions- und Aufgabenbeschreibung möglichst Aktiv-Formulierungen verwenden, da eine Häufung von Passiv-Formulierungen als Hinweis auf fehlende Eigeninitiative und Einsatzbereitschaft verstanden werden könnte (→ Passivierungstechnik, Seite 55 f.). Auch eine Betonung von Pflichten und Zielen könnte negativ auffallen und vermuten lassen, dass Sie Ihren Pflichten nicht in ausreichendem Maße nachgekommen sind oder Ziele nicht realisieren konnten (→ Andeutungstechnik, Seite 57).

Beinhaltet die Aufgabenbeschreibung nur Nebensächlichkeiten oder Selbstverständliches, ist dies ebenfalls negativ zu bewerten (→ Ausweichtechnik, Seite 57). Auch die Kombination von sehr verantwortungsvollen mit sehr einfachen Aufgaben wirkt wenig glaubwürdig (→ Widerspruchstechnik, Seite 56 f.).

3

Positive und negative Formulierungen

»war bei uns tätig« ➕

➖ »wurde bei uns beschäftigt«

»arbeitete bei uns als...« ➕

➖ »wurde als... eingestellt«

➕ »absolvierte bei uns«

»leistete ab« (bei Praktikanten) ➖

»bearbeitete« ➕

➖ »hatte zu bearbeiten«

»Ihre Tätigkeit umfasste...« ➕

➖ »Zu ihren Pflichten gehörte...«

➕ »Sie erledigte...«

➖ »In dieser Funktion sollte er... sicherstellen.«

»In dieser Funktion stellte er... sicher.« ➕

➖ »Zu den Aufgaben eines... gehören...«

➕ »Zu seinen Aufgaben gehörte...«

Verwenden Sie möglichst immer Aktiv-Formulierungen und vermeiden Sie Passiv-Formulierungen.

Berücksichtigen Sie darüber hinaus, dass die Reihenfolge der Nennungen eine Gewichtung darstellt. Die wichtigsten und charakteristischsten Aufgabenbereiche sollten Sie deshalb zuerst nennen, weniger wichtige oder einmalige Aufgaben weiter hinten. Anderenfalls könnte der Eindruck entstehen, dass Sie Ihre Kernaufgaben vernachlässigt und Prioritäten falsch gesetzt haben (→ Reihenfolgetechnik, Seite 54 f.). Auch innerhalb der einzelnen Aufgabenschwerpunkte ist die Reihenfolge wichtig. Heißt es zum Beispiel »Er war für den Einkauf von Büromaterial, Werkzeugen und Investitionsgütern zuständig« wird der Zuständigkeitsbereich durch die Nennung der Investitionsgüter erst an letzter Stelle abgewertet. Ganz anders klingt die Formulierung: »Er war für den Einkauf von Investitionsgütern und Werkzeug zuständig. Darüber hinaus kümmerte er sich auch um den Einkauf des Büromaterials.«

Ein weiterer häufiger Fehler ist die Einfügung von Leistungsbeurteilungen in die Tätigkeitsbeschreibung, sofern der zu Beurteilende verschiedene Stellen bekleidet hat. Diese sind meist als Zwischenbeurteilungen gemeint, könnten gleichsam aber auch als Einschränkung wirken. Denn wird zum Beispiel für den Beschäftigungsabschnitt 1 Ausdauer, Belastbarkeit und Flexibilität gelobt und dies dann nicht noch einmal für den Beschäftigungsabschnitt 2 wiederholt, könnte der Leser annehmen, dass diese Fähigkeiten beziehungsweise Eigenschaften im zweiten Beschäftigungsabschnitt nicht zu loben waren und dass betont werden soll, dass sich die jeweiligen Wertungen nur auf den entsprechenden Beschäftigungsabschnitt beziehen.

Um also sicherzustellen, dass wertende Aussagen zur Leistungsbeurteilung auf das gesamte Zeugnis bezogen werden, sollten Sie diese erst in der Leistungsbeurteilung im Anschluss an die Darstellung des gesamten Beschäftigungsverhältnisses machen.

Tätigkeitsbeschreibung bei Ausbildungszeugnissen

Auch bei Auszubildenden ist eine konkrete Tätigkeitsbeschreibung erforderlich. Ein bloßer Verweis auf das Berufsbild oder die Ausbildungsverordnung ist nicht ausreichend, da bei branchenfremden

Lesern derartige Vorkenntnisse nicht unbedingt vorausgesetzt werden können und ein Branchenwechsel so unter Umständen erschwert wird. Sie sollten daher angeben, welche Abteilungen Sie durchlaufen haben und welche Ausbildungsinhalte Ihnen dort jeweils vermittelt wurden beziehungsweise welche Fertigkeiten und Kenntnisse Sie erworben haben.

Ergänzend sollten Sie hinzufügen, welche Aufgaben Ihnen übertragen wurden und wie weit Sie in der Lage waren, die Aufgaben selbstständig zu erledigen.

>> TEXTBAUSTEINE Positions- und Aufgabenbeschreibung

TÄTIGKEITSBESCHREIBUNG IM AUSBILDUNGSZEUGNIS

- Herr… durchlief während seiner Ausbildung alle Bereiche unseres Betriebs. Zeitliche Schwerpunkte lagen in den Abteilungen… sowie… Er erwarb dabei Fertigkeiten und Kenntnisse in… und unterstützte die Kollegen bei… Darüber hinaus erledigte er selbstständig folgende Aufgaben: [Aufzählung]

- Zu Beginn ihrer Ausbildung wurde Frau… in der Abteilung… eingesetzt. Dort lernte sie… kennen. Im Bereich… konnte sie anschließend ihre Kenntnisse vertiefen und erledigte… In der Abteilung… wurde sie anschließend mit… betraut. Gegen Ende der Ausbildung setzten wir sie in der Abteilung… ein, wo sie Erfahrungen in… sammelte.

Karriereverlauf

Die Tätigkeitsbeschreibung muss sich über den gesamten Beschäftigungszeitraum erstrecken und einen chronologischen, gut nachvollziehbaren Überblick über Ihren innerbetrieblichen Werdegang bieten. Dabei liegt der Schwerpunkt auf Ihrer aktuellen Tätigkeit; frühere Aufgabenbereiche sind weniger ausführlich darzustellen.

Da Versetzungen nicht immer einen Karrieresprung darstellen oder diesen nicht auf den ersten Blick erkennen lassen, kann es unter Umständen zu Fehlinterpretationen kommen. Der Leser könnte womöglich vermuten, dass Sie mit der Aufgabenstellung überfordert waren oder es Probleme in der Zusammenarbeit mit Kollegen oder Vorgesetzten gab. Eine Begründung für einen Stellenwechsel auf gleicher Ebene oder gar für einen Karriererückschritt (zum Beispiel Erweiterung der fachlichen Kenntnisse beziehungsweise Berufserfahrungen, Umstrukturierungs- oder Rationalisierungsmaßnahmen …) kann negative Spekulationen vermeiden.

Kompetenzen und Vollmachten

Neben der reinen Beschreibung Ihrer Aufgaben ist auch die Darstellung Ihrer hierarchischen Position und Ihres Verantwortungsumfangs sehr wichtig – insbesondere dann, wenn Sie in dem Unternehmen eine leitende Position innehatten (vergleiche Landesarbeitsgericht Hamm, Urteil vom 17.6.1999).

Daher sollten Sie gegebenenfalls angeben, wem Sie unterstellt waren beziehungsweise an wen Sie berichtet haben, wann Ihnen welche Vollmachten (zum Beispiel Handlungsvollmacht, Prokura) erteilt und welche Kompetenzen (zum Beispiel Kreditkompetenzen) Ihnen eingeräumt wurden. Letzteren Punkt sollten Sie möglichst konkret ausführen, was zum Beispiel so aussehen könnte: »Frau … war in ihrer Position als … für ein Budget in Höhe von … Euro verantwortlich.« Oder: »Seine Kreditkompetenz betrug … Euro.«

Auch der Hinweis auf Selbstständigkeit und Eigenverantwortlichkeit macht sich gerade in der Tätigkeitsbeschreibung von Führungskräften gut. Beispiel: »Im Rahmen ihres verantwortungsvollen und vielseitigen Aufgabenbereichs führte sie eigenverantwortlich und selbstständig folgende Aufgaben durch: …«

3

>> **TEXTBAUSTEINE** Positions- und Aufgaben-
beschreibung

KOMPETENZEN UND VOLLMACHTEN

- In dieser Position zeichnet Herr … mit Prokura.
- Am … wurde ihr Prokura/Einzelprokura/Gesamtprokura/Handlungs-
vollmacht erteilt.
- Er verantwortete ein Budget/Investitionsvolumen in Höhe von …
Euro.
- Sie berichtete direkt an die Geschäftsleitung und nahm regelmäßig an
den Sitzungen der erweiterten Geschäftsleitung teil. Ihre Kostenstel-
lenverantwortung umfasste ein Budget von … Euro jährlich.

Mitarbeiterführung

Wenn Sie in einer Vorgesetztenposition tätig waren, sollten Sie an dieser
Stelle angeben, wie viele und gegebenenfalls was für Mitarbeiter Ihnen
unterstellt waren. Anderenfalls ist eine Einschätzung Ihrer Personal-
und Führungsverantwortung für den Leser nur eingeschränkt möglich.
Die Beurteilung Ihrer Personalführung erfolgt dann an späterer Stelle, im
Rahmen der Leistungsbeurteilung (→ Seite 95 ff.).

>> **TEXTBAUSTEINE** Positions- und Aufgaben-
beschreibung

MITARBEITERFÜHRUNG

- Das von Frau … geleitete Team bestand aus … Mitarbeitern aus den
Bereichen …
- Er führte fachlich und disziplinarisch … Mitarbeiter und war zur
selbstständigen Einstellung und Entlassung berechtigt.
- Frau … trug Personal- und Führungsverantwortung für insgesamt …
Mitarbeiter.

- Ihm waren … Mitarbeiter fachlich und disziplinarisch unterstellt.
- Herr … hat die Bereiche Finanz- und Rechnungswesen sowie Controlling mit insgesamt … Mitarbeitern, davon … mit direkter Unterstellung verantwortet.
- Sie wurde durch ein …-köpfiges Team unterstützt.
- Als Projektleiter war Herr … über seine fachlichen Aufgaben hinaus verantwortlich für die Führung von komplexen und internationalen Projektteams mit bis zu … Mitarbeitern.

Jetzt wird es ernst – die
Leistungsbeurteilung

Eine vollständige Leistungsbeurteilung beinhaltet die Bereiche Fachwissen/Weiterbildung, Fähigkeiten, Arbeitsweise, Arbeitsbereitschaft, Arbeitserfolg und bei Führungskräften zusätzlich noch der Bereich Führungsleistung. Zudem enthält sie – als Gesamtbeurteilung – die so genannte Zufriedenheitsformel. Bei Auszubildenden ist neben der praktischen Arbeitsleistung auch die Lernleistung zu beurteilen.

In welcher Reihenfolge Sie diese Bereiche ansprechen, ist unerheblich. Wichtig ist nur, dass Sie alle Bereiche angemessen ausführlich behandeln, da dies sonst negativ bewertet werden könnte (→ Seite 67 f.).

Fachliche Qualifikation

Einen künftigen Arbeitgeber wird interessieren, was für eine fachliche Qualifikation Sie haben, ob Sie ein Spezialist oder Generalist sind, mit welchem Nutzen Sie Ihr Fachwissen für das Unternehmen eingesetzt haben und inwieweit Sie bereit sind, Ihre Fachkenntnisse zu erweitern beziehungsweise auf dem aktuellsten Stand zu halten. Daher sollte Ihr Zeugnis etwas über Ihren Qualifikationsgrad, die Praxiswirksamkeit und Ihre Lernmotivation beziehungsweise Weiterbildungsanstrengungen aussagen. Verfügen Sie über eine langjährige und große Berufserfahrung, über besondere Produkt- und Branchenkenntnisse oder andere spezielle Kenntnisse (zum Beispiel besondere Sprach- oder EDV-Kenntnisse) können solche Pluspunkte an dieser Stelle ebenfalls hervorgehoben werden.

Doch Vorsicht! Auch hier ist nicht alles Gold, was glänzt. Wichtig ist, dass die tatsächlichen Qualifikationen beschrieben werden und nicht nur die Anforderungen an die ausgeübte Tätigkeit. Eine Formulierung wie »Diese Aufgabe erforderte gute Kenntnisse in…« ist negativ zu bewerten und wird sicherlich dahingehend interpretiert werden, dass gerade ebendiese Kenntnisse nicht vorhanden waren.

»Seine umfangreiche Bildung machte ihn zu einem gesuchten Gesprächspartner« ist ebenfalls kein Lob, sondern deutet auf ständige Privatgespräche während der Dienstzeit hin. Auch die Formulierung »Sie nutzte jede sich bietende Gelegenheit, Weiterbildungsveranstaltungen zu besuchen« wird sicherlich im Sinne von »Hauptsache, nicht arbeiten müssen« verstanden werden.

>> TEXTBAUSTEINE Fachwissen/Weiterbildung

SEHR GUT

- Sie beherrschte ihren Arbeitsbereich stets umfassend, sicher und vollkommen. Durch eine stetige Weiterbildung hielt sie ihre Kenntnisse eigeninitiativ stets auf dem neuesten Stand.
- Sie besitzt ein sehr umfassendes, detailliertes und aktuelles Fachwissen. Durch die Teilnahme an Seminaren entwickelte sie sich fachlich ständig weiter.
- PC-Programme wie… wurden von ihm sehr effizient und routiniert eingesetzt.

- Er setzte seine sehr guten Fachkenntnisse überzeugend in die Praxis um und vertiefte diese durch ständige und gezielte Weiterbildungsmaßnahmen.
- Aufgrund seiner sehr großen und beachtlichen Berufserfahrung konnte er oft auch schwierige Aufgaben übernehmen und erfolgreich lösen.
- Sein ausgezeichnetes Vertriebs- und Marketingwissen und seine umfangreichen Marktkenntnisse verliehen ihm ein hohes Maß an Kompetenz und ein sicheres Gespür für zukünftige Entwicklungen und Anforderungen.
- … setzte mit ausgezeichnetem Fachwissen und hervorragenden Managementqualifikationen strategische Unternehmensziele professionell um.
- Er zeichnet sich durch exzellente Fachkenntnisse aus, die er durch intensive Weiterbildung eigenständig aktualisierte und vervollkommnete.
- … die er in seiner täglichen Arbeit erfolgreich einsetzte und weiterentwickelte.
- Er verfügt über hervorragende Fachkenntnisse, die er stets sicher in der Praxis einsetzt und mit äußerst fundierten EDV-Kenntnissen ideal kombiniert.
- Herr… zeigte stets eine ausgezeichnete Lernmotivation. Er hat sich in eigener Initiative nebenberuflich mit hohem zeitlichen Einsatz und sehr gutem Erfolg [zum…] weitergebildet.

AUSREICHEND

- Sie beherrschte ihren Arbeitsbereich entsprechend der Anforderungen und hat sich in verschiedenen Seminaren erfolgreich fachliche Grundkenntnisse angeeignet.
- Er verfügt über das notwendige Fachwissen/gute Grundkenntnisse.
- Er konnte die in der Branche üblichen EDV-Programme einsetzen.
- Sie wurde den fachlichen Anforderungen gerecht.

MANGELHAFT

- Sie beherrschte ihren Arbeitsbereich im Allgemeinen entsprechend den Anforderungen.
- Sein Aufgabenbereich erforderte Kenntnisse in …« [Ohne nachfolgende Bestätigung, dass diese Kenntnisse vorhanden waren.]
- Sie hatte die Gelegenheit, sich in verschiedenen Seminaren fachliche Grundkenntnisse anzueignen.
- Er war stets bestrebt, durch Weiterbildung mit der rasanten technischen Entwicklung Schritt zu halten.

Auf die Notenstufen »gut« und »befriedigend« wird in diesem Kapitel verzichtet, da sie durch leichte Abschwächung von der Note »sehr gut« abzuleiten sind (→ Positivskala, Seite 45 ff.).

Fähigkeiten

Zu einer guten Aufgabenerfüllung, bedarf es aber nicht nur der fachlichen Qualifikation. Vielmehr spielt dabei auch Ihre geistige, körperliche und psychische Arbeitsbefähigung eine wichtige Rolle. Die genannten Fähigkeiten sollten jedoch stets einen Bezug zur beschriebenen Tätigkeit haben, da der Leser durch die Erwähnung von irrelevanten Attributen eher irritiert wird. Wird bei einem Buchhalter beispielsweise besonders seine Kreativität gelobt, ruft dies sicherlich Verwunderung und Skepsis hervor. Denn eine fantasievolle Buchhaltung ist wahrscheinlich so ziemlich das Letzte, was ein Arbeitgeber sich wünscht.

Zudem sollten wichtige Fähigkeiten, die der Leser erwartet, nicht fehlen. Beispiele dafür können sein: Akquisitionsstärke, analytisches Denkvermögen, Ausdauer/Beharrlichkeit, Belastbarkeit/Stressresistenz, didaktisches Geschick, Durchsetzungsvermögen, Einfühlungsvermögen, Entscheidungsfreude, Flexibilität, Innovationskraft, interdisziplinäres Denkvermögen, Kommunikationsstärke, Kontaktstärke, Kostenbewusstsein, Kreativität/Ideenreichtum, manuelle Geschicklichkeit, markt-/zukunftsorientiertes Denken, Organisationstalent, Planungsgeschick, Prioritäten erkennen, rhetorisches Geschick, schnelle Auffassungsgabe, schriftliches/mündliches Ausdrucksvermögen, strategisches/konzeptionelles Denkvermögen, Talent im Umgang mit Menschen, technischer/betriebswirtschaftlicher Sachverstand, Überzeugungskraft, unternehmerisches Denken/Handeln, Urteilsvermögen, Verantwortungsbewusstsein, Verhandlungsgeschick, Verkaufstalent, Weitblick/Weitsicht, Zahlenverständnis.

>> TEXTBAUSTEINE Fähigkeiten

SEHR GUT

- Sie verband strategisches und konzeptionelles Denken mit praxisnahen Lösungen, die sie stets zielstrebig und mit ausgezeichnetem Erfolg umsetzte.
- Ein sehr gutes Organisationstalent und Durchsetzungsvermögen gehörten ebenso zu ihrem Qualifikationsprofil wie ein sehr hohes Maß an Belastbarkeit und Ausdauer.
- Er erfasst sehr schnell das Wesentliche/den Kern des Problems.
- Er kommuniziert stets klar und wirkungsvoll sowohl im mündlichen Vortrag als auch in der schriftlichen Dokumentation.
- Er erwies sich als Mitarbeiter mit sehr guten konzeptionellen Fähigkeiten und ausgeprägtem analytischen Denkvermögen.
- Sie zeigte ein bemerkenswertes Organisationstalent, das von einem hohen Maß an Kostenbewusstsein begleitet wurde.
- Dank seiner ausgezeichneten Auffassungsgabe und Umsicht koordinierte er Aufgaben sehr rationell mit sicherem Blick für das Wesentliche.
- Flexibilität und Ideenreichtum zeichnen sie ebenso aus wie ihr Kooperations- und Kommunikationsgeschick im interdisziplinären Projektmanagement.
- Sie bewies Ausdauer und sehr gutes Verhandlungsgeschick.

- Er besitzt die Fähigkeit, komplexe und diffizile Sachverhalte rasch zu erfassen und überzeugt mit praktikablen, sehr gut durchdachten Problemlösungen.
- Er hat ein verlässliches/untrügbares Gefühl für unternehmerische Entwicklungen und wirtschaftliche Zusammenhänge.
- Sie war stets eine sehr interessierte, lernbereite und einsatzfreudige Auszubildende. Aufgrund dieser Eigenschaften und ihrer sehr guten Auffassungsgabe fiel es ihr leicht, wesentliche Zusammenhänge zu erkennen und sich auch in sehr anspruchsvolle Aufgabengebiete einzuarbeiten. [Ausbildungszeugnis]

AUSREICHEND

- Seine Arbeitsbefähigung war zufrieden stellend.
- Er trug Ideen vor.

MANGELHAFT

- Er hat sich flexibel und vielseitig gegeben.
- Ihre Arbeitsbefähigung war insgesamt zufrieden stellend.
- Er passte sich neuen Situationen meist ohne Schwierigkeiten an.

Arbeitsweise

Ein Zeugnis sollte aber nicht nur Angaben zu Ihrer Arbeitsbefähigung enthalten, sondern auch Aufschluss über Ihre Arbeitsweise geben. Und auch hierbei kommt es darauf an, was und in welchem Kontext gelobt wird. So zeichnet einen Controller eine präzise Arbeitsweise mehr aus als eine serviceorientierte.

Auch könnte hinter einem Satz wie »Sie arbeitete stets mit äußerster Sorgfalt und größter Genauigkeit« der Hinweis auf eine pedantische und langsame Arbeitsweise vermutet werden, wenn nicht gleichzeitig eine zügige und rationelle Arbeitsweise gelobt wird. Ist von Ziel- oder Ergebnisorientierung die Rede, ohne dass dabei der entsprechende Arbeitserfolg erwähnt wird, könnte dies im Sinne von »Er war bemüht, aber es kam nicht viel dabei heraus« verstanden werden.

Um Ihnen beim Entwurf Ihres Zeugnisses zu helfen, finden Sie hier ein paar der gebräuchlichsten positiven Adverbien: effizient, eigenverantwortlich, ergebnisorientiert, gewissenhaft, konzentriert, methodisch, organisiert, präzise, rationell, selbstständig, serviceorientiert, sicher, sorgfältig/gründlich, souverän, strukturiert, systematisch, termintreu, umsichtig, verantwortungsbewusst, zielstrebig, zuverlässig.

>> TEXTBAUSTEINE Arbeitsweise

SEHR GUT

- Er ist entschlossen im Handeln sowie stets äußerst gründlich, zuverlässig und termintreu in der Durchführung seiner Aufgaben.
- Ihr sehr guter und effizienter Arbeitsstil zeichnete sich durch ein hohes Maß an Selbstständigkeit sowie eine zielstrebige und kundenorientierte Vorgehensweise aus.
- Er war ein absolut zuverlässiger und gewissenhafter Mitarbeiter, der seine Aufgaben sehr selbstständig und umsichtig erledigte.
- Sie arbeitete jederzeit sehr konzentriert und ging planvoll an ihre Aufgaben heran.
- Seine sehr effiziente Arbeitsweise war immer geprägt von Verantwortungsbewusstsein und Serviceorientierung.
- Sie agierte auch in sehr komplexen Projektverhältnissen sicher und zielstrebig.
- Auch in Situationen mit extrem hohem Arbeitsanfall agierte er stets besonnen und souverän.
- Wir haben Frau… als eine sehr umsichtige und verantwortungsbewusste Mitarbeiterin kennen und schätzen gelernt.
- Er war ein ausgesprochen eigenverantwortlich arbeitender Mitarbeiter, der stets eine gute Übersicht und Arbeitseinteilung zeigte.

3

- Er arbeitete sorgfältig.
- Sie bearbeitete alle Vorgänge korrekt und zufrieden stellend.

- Er bearbeitete seine Aufgaben mit der ihm eigenen Sorgfalt.
- Sie arbeitete nach Vorgaben/unter Anleitung selbstständig.

Arbeitsbereitschaft

Neben dem reinen Können kommt es auch auf das Wollen an. Daher ist Ihre Arbeitsbereitschaft ebenfalls ein wichtiger Leistungsaspekt. Und auch hier lässt sich durch die Anwendung der verschiedenen Techniken Kritik zum Ausdruck bringen, wie die folgenden Beispiele verdeutlichen.

Die Aussage »Er setzte sich für die Interessen des Unternehmens ein« klingt unverfänglich, ist aber kein besonderes Lob, da es sich dabei um eine Selbstverständlichkeit handelt. Hat sich eine Führungskraft nur mit ihrer Aufgabe und nicht auch mit dem Unternehmen identifiziert, könnte dies ebenfalls negativ bewertet werden. Ehrgeiz kann als positive, aber auch als negative Eigenschaft angesehen werden. Daher sollten Sie diesen Begriff vermeiden oder von einem »im positiven Sinne ehrgeizigen Mitarbeiter« sprechen.

Zur Beschreibung Ihrer Arbeitsbereitschaft können Sie folgende Schlagworte verwenden: Arbeitsmoral, Dynamik, Eigeninitiative, Einsatzbereitschaft/Einsatzwille/Einsatzfreude, Elan, Engagement, Fleiß/Eifer, Identifikation, Interesse, Initiative/Eigeninitiative, Leistungsbereitschaft, Mehrarbeit/Überstunden/Wochenendeinsätze, Motivation, Pflichtbewusstsein.

Begriffe wie Fleiß und Eifer oder Pflichtbewusstsein finden sich dabei meist in Zeugnissen von Arbeitern und gewerblichen Arbeitnehmern, während bei Fach- und Führungskräften eher von Engagement, Identifikation oder Einsatzbereitschaft gesprochen wird.

>> TEXTBAUSTEINE Arbeitsbereitschaft

SEHR GUT

- Sie zeigte eine ausgezeichnete Leistungsbereitschaft und identifizierte sich stets in vorbildlicher Weise mit ihrer Aufgabe und dem Unternehmen. Ihr Arbeitseinsatz ging weit über das übliche Maß hinaus.
- Er war ein hochmotivierter Mitarbeiter, der stets zielstrebig und mit großer Beharrlichkeit die selbst gesteckten und vereinbarten Ziele verfolgte und realisierte.
- Er absolviert beständig ein beeindruckendes und sehr beachtliches Arbeitspensum.
- Sie arbeitete mit unermüdlichem Einsatz und unverkennbarer Freude an ihrer Tätigkeit.
- Besonders hervorzuheben ist sein großer persönlicher Einsatz auch weit über die normale Arbeitszeit hinaus.
- Er war immer bereit, selbst kurzfristig anfallende Überstunden oder Wochenenddienste zu leisten.
- Er bewies immer wieder Eigeninitiative und setzte sich außerordentlich für unser Unternehmen ein.
- Sie war stets eine sehr interessierte, lernbereite und einsatzfreudige Auszubildende. [Ausbildungszeugnis]

AUSREICHEND

- Sie hat durch ihre Arbeitsbereitschaft zum gemeinsamen Erfolg beigetragen.

MANGELHAFT

- Besonders hervorzuheben ist seine bemerkenswerte Arbeitsmoral, die kaum etwas zu wünschen übrig ließ.

Arbeitserfolg

Eines der wichtigsten Leistungskriterien ist der persönliche Arbeitserfolg. Schließlich kommt es nicht nur darauf an, was für ein Potenzial in Ihnen steckt, sondern natürlich auch darauf, was Sie tatsächlich daraus gemacht haben. Häufig wird aber gerade dieser Punkt in Zeugnissen sträflich vernachlässigt.

Viele glauben, eine gute Gesamtbewertung beziehungsweise Zufriedenheitsformel genüge, um hieraus einen guten Arbeitserfolg ableiten zu können. Wird jedoch zu Qualität und Quantität, zu Produktivität, Zielerreichung oder Verkaufserfolgen geschwiegen, könnte dies die Glaubwürdigkeit einer guten Zufriedenheitsformel mindern und die Leistungsbeurteilung insgesamt abwerten. Daher gilt: Je präziser der Erfolg beschrieben wird, desto glaubhafter und informativer wirkt die Leistungsbeurteilung.

Zumindest aber sollte Ihr Zeugnis eine allgemeine Beschreibung Ihres Arbeitserfolgs enthalten (zum Beispiel »… erzielte immer sehr gute Arbeitsergebnisse«), wobei auch hier die Abstufungen gemäß der Positivskala zu berücksichtigen sind. So entspricht ein bloßes »erfolgreich« oder »gut« noch lange nicht der Note 2.

>> TEXTBAUSTEINE Arbeitserfolg

SEHR GUT (ARBEITSQUALITÄT/-QUANTITÄT)

- Ihre Arbeitsqualität war über den gesamten Beschäftigungszeitraum hinweg weit überdurchschnittlich.
- Mit seinen hervorragenden Leistungen überzeugte er sowohl qualitativ als auch quantitativ.
- Er lieferte immer zuverlässige Ergebnisse von sehr hohem Standard. Aufgrund seines exzellenten Fachwissens und Kostenmanagements zeichneten sich die Ergebnisse gleichermaßen durch Qualität und Wirtschaftlichkeit aus.

- Die Qualität ihrer Arbeit lag stets weit über dem durchschnittlichen Standard der Gruppe. Dabei absolvierte sie ein beeindruckendes und sehr beachtliches Arbeitspensum, in Zeiten des Urlaubs und der Krankheit von Kollegen mit enormen Arbeitsspitzen.

SEHR GUT (ARBEITSERGEBNIS/ZIELERREICHUNG)

- Sie meisterte selbst schwierigste Aufgaben fachlich sehr souverän.
- Er fand und realisierte für unsere Kunden stets optimale Lösungen.
- Frau … zeichnete sich durch eine außerordentlich engagierte und zielstrebige Arbeitsweise aus und bewältigte ihr Aufgaben- und Verantwortungsgebiet auch in kritischen Situationen mit sicherem Urteilsvermögen und sehr überzeugender Leistung.
- Mit ausgezeichnetem Fachwissen und hervorragenden Managementqualifikationen erzielte er stets außerordentlich gute Erfolge.

SEHR GUT (VERKAUFSERFOLG/UMSATZ)

- Sie erzielte immer sehr beachtliche Umsatzerfolge.
- Er überzeugte durch Verhandlungsgeschick und Verkaufstalent, was stets zu herausragenden Vertriebsergebnissen führte.

SEHR GUT (BEITRAG ZUM UNTERNEHMENSERFOLG)

- Sie hat die Aufgabe hervorragend gemeistert und einen wichtigen Beitrag zum Unternehmenserfolg geleistet.
- Mit strategischem Denkvermögen und Innovationsbereitschaft bewies er unternehmerisches Format und verstand es, in seinem Arbeitsgebiet neue Impulse zu geben und neue Wege zu gehen. Er hat auf diese Weise maßgeblich zum Unternehmenserfolg beigetragen.

AUSREICHEND

- Ihre Arbeitsqualität entsprach unseren Erwartungen/Anforderungen.
- Er erzielte zufrieden stellende Arbeitsergebnisse.

MANGELHAFT

● Ihre Arbeitsqualität hat uns immer wieder in Erstaunen versetzt.«

● Er erzielte im Allgemeinen zufrieden stellende Arbeitsergebnisse.

Zusätzlich zum allgemeinen Arbeitserfolg können Sie aber auch einzelne, konkrete Arbeitserfolge nennen, wodurch das Zeugnis sehr an Individualität und damit gleichzeitig auch an Glaubwürdigkeit gewinnt (zum Beispiel »… gelang es ihm, die Produktivität/den Umsatz um… Prozent zu steigern« oder »… gelang es ihm, Kosteneinsparungen in 6-stelliger Höhe zu erzielen«). Weitere Erfolge können sein: Absatzverbesserungen, Ausschöpfung von Absatzpotenzialen, Auszeichnungen, Eröffnung neuer Geschäftsfelder, Erschließung neuer Märkte, Erzielung von Konkurrenzvorsprüngen, Etablierung neuer Produkte, Effizienzsteigerungen, Gewinnung neuer/eines besonders wichtigen Kunden, hohe Maschinenauslastung, Patente, prämierte Verbesserungsvorschläge, Projekterfolge (konkret ausführen), Reduktion von Ausschuss/Fluktuation, Senkung der Fehlzeiten/Stückkosten, Steigerung der Produktion/Produktivität/Kapazitäten, Verbesserung von Arbeitsabläufen/Prozessen/Qualität, Verkürzung von Durchlaufzeiten, Zertifizierungen.

Doch auch hier heißt es Vorsicht! Beschreiben Sie nur einen einzelnen konkreten Arbeitserfolg und loben nicht auch den Arbeitserfolg insgesamt, könnte womöglich der Eindruck entstehen, dass der beschriebene Erfolg die Ausnahme von der Regel war. Nach dem Motto: »Ein blindes Huhn findet auch mal ein Korn.«

Darüber hinaus kommt es darauf an, ob der beschriebene Erfolg auch einen Bezug zur Tätigkeitsbeschreibung hat. Waren Sie beispielsweise im Vertrieb tätig und wird Ihnen ausschließlich ein sehr guter Beitrag zur Jahr-2000-Umstellung bescheinigt, wird der Leser sicherlich davon ausgehen, dass es mit Ihren Vertriebserfolgen nicht weit her war. War zum Beispiel eine Ihrer Hauptaufgaben die Pflege und Erweiterung des Kundenstamms, so wird der Leser sicherlich wissen wollen, wie weit es Ihnen auch tatsächlich gelungen ist, Aufträge zu akquirieren oder Neukunden zu gewinnen. Zählte die Optimierung von Arbeitsabläufen oder die Verhandlung von Einkaufskonditionen zu Ihrem Aufgabenbereich, könnten Sie Ihren Arbeitserfolg durch die Angabe der dadurch erzielten Kostenreduzierung beschreiben.

Mitarbeiterführung

Hatten Sie bei Ihrer Tätigkeit Personalverantwortung, zählt der Bereich Mitarbeiterführung zu den entscheidenden Leistungskriterien. Dabei steht die Frage im Vordergrund, wie Sie Ihre Mitarbeiter geführt haben und mit welchem Erfolg. Gelang Ihnen eine kooperative, situationsgerechte Führung, bei der Sie Ihr Einfühlungsvermögen ebenso wie Ihre Durchsetzungskraft unter Beweis stellen konnten? Zu welchen Leistungen haben Sie Ihre Mitarbeiter motiviert und wie war das von Ihnen geschaffene Arbeitsklima?

Gehen Sie daher bei der Beschreibung der Mitarbeiterführung zunächst auf Ihren Führungsstil und Ihre Führungseignung ein. Geeignete Schlagworte dafür sind zum Beispiel kooperativ, integrativ, Durchsetzungskraft und Geschick im Umgang mit Menschen. Bewerten Sie dann die Auswirkung Ihres Führungsverhaltens auf die Ihnen unterstellten Mitarbeiter (Mitarbeiterzufriedenheit, Mitarbeitermotivation, Arbeitsatmosphäre, Arbeitsklima, Gruppenzusammenhalt) und stellen Sie schließlich heraus, welche Auswirkung Ihre Führung auf das Arbeitsergebnis hatte.

Vermeiden Sie in diesem Zusammenhang jedoch Sätze wie »Sie stellte stets sehr hohe Erwartungen an ihre Mitarbeiter« oder »Er forderte von seinen Mitarbeitern stets sehr gute Leistungen«. In diesen Fällen wird der Leser davon ausgehen, dass die Erwartungen oder Forderungen nicht erfüllt wurden.

>>TEXTBAUSTEINE Führungsleistung

SEHR GUT

- Herr… besitzt ausgezeichnete Führungsqualitäten und war bei seinen Mitarbeitern stets anerkannt und geschätzt. Er zeichnete sich durch einen kooperativen Führungsstil aus und verstand es aber auch, sich in schwierigen Situationen durchzusetzen und seine Mitarbeiter stets zu sehr guten Leistungen zu motivieren. Dabei delegierte er angemessen Aufgaben und Verantwortung, engagierte sich für deren erfolgreiche Weiterentwicklung und förderte so die Selbstständigkeit seiner Mitarbeiter.

- Frau… ist eine dynamische Fach- und Führungspersönlichkeit, die es mit ihrer verbindlichen, aber bestimmten Art glänzend verstand, ein sehr angenehmes und positives Arbeitsklima zu schaffen. Die Produktivität ihrer Abteilung lag immer sehr weit über dem Durchschnitt.

- Herr… bewies bei der Personalauswahl und -führung großes Geschick. Mit fachlicher Autorität, Einfühlungsvermögen und Überzeugungskraft erzeugte er eine sehr produktive und konstruktive Arbeitsatmosphäre. Fehlzeiten und Fluktuation gingen unter seiner Leitung drastisch zurück und liegen heute deutlich unter denen anderer Bereiche.

- Er hat die Zusammenarbeit im Team umsichtig gefördert und das …köpfige Team zielbewusst und konsequent zu stets sehr guten Leistungen geführt.

- Frau… zeichnete sich als sehr faire, aber auch fordernde Führungskraft aus, die ihre Mitarbeiter nachhaltig und erfolgreich motivierte, was sich in hervorragenden Abteilungsergebnissen niederschlug.

- Er zeichnete sich durch einen durchsetzungsstarken, gleichzeitig teamorientierten Führungsstil aus.

- Frau… verfügt über sehr gute Führungseigenschaften. Sie schaffte es, trotz der heterogenen Zusammensetzung, ein außerordentlich effizientes und erfolgreiches Projektteam zu formen.

- Herr… ist seinen Mitarbeitern immer mit gutem Beispiel vorangegangen. Mit seinem zielgerichteten, situativen und integrativen Führungsstil gelang es ihm, die Gruppenleistung beachtlich zu steigern.
- Er war ein geradliniger und zugleich fürsorglicher Vorgesetzter, der es in bester Weise verstand, seine Mitarbeiter zu vollem Einsatz und sehr guten Leistungen zu motivieren.
- Als Projektleiterin verstand sie es, ihre Mitarbeiter zielorientiert zu führen und zu Höchstleistungen anzuspornen. Sie setzte sich jederzeit für die Belange ihres Teams ein und bewies in schwierigen Situationen sowohl Einfühlungsvermögen als auch Durchsetzungsfähigkeit.
- Als Coach und Vorbild motivierte er sein Mitarbeiterteam durch einen integrativen Führungsstil, eine offene und klare Kommunikation sowie das konsequente Delegieren von Zielen und Verantwortung.
- Darüber hinaus überzeugte Herr… als Führungskraft. Er bewies seine Fähigkeit, Mitarbeiter sicher einzuschätzen, zu motivieren und erfolgreich zu führen.

AUSREICHEND

- Seine Mitarbeiterführung war nicht zu beanstanden.
- Er wurde von seinen Mitarbeitern akzeptiert und verstand es, sie zu zufrieden stellenden Leistungen zu motivieren.
- Sie bewies bei der Reorganisation der Abteilung Geschick, sodass die Maßnahmen auf keine Widerstände stießen.

MANGELHAFT

- Sie war eine fürsorgliche und in jeder Hinsicht verständnisvolle Vorgesetzte.
- Er brachte alle Voraussetzungen mit, um seine Mitarbeiter zielgerichtet zu motivieren, und erwartete, dass sich diese jederzeit voll einsetzten.
- Sie hatte Gelegenheit, ihre Führungsqualitäten unter Beweis zu stellen.

Zufriedenheitsformel

Die Zufriedenheitsformel ist eines der wichtigsten und gleichzeitig auch der bekanntesten Elemente in einem Arbeitszeugnis, das die zusammenfassende Gesamtbewertung der Leistung darstellt. Aus diesem Grund gibt es immer wieder Rechtsstreitigkeiten um diese Formel und die dabei benutzten Floskeln. Dies hat dazu geführt, dass die diesbezüglichen Abstufungen auf der Positivskala heute sehr genau feststehen und durch zahlreiche Gerichtsurteile gesichert sind.

Die bekannteste Zufriedenheitsformel ist sicherlich »hat seine Aufgaben stets zu unserer vollsten Zufriedenheit erledigt«. Sie entspricht der Schulnote 1. Dabei ist zu beachten, dass die Formel neben dem »vollsten« auch einen uneingeschränkten Zeitfaktor enthalten muss, da sie sonst nur einer 1-/2+ entspricht. Wichtig ist zudem auch die Einhaltung der genauen Syntax. Es macht einen Unterschied, ob es heißt: »Sie erledigte ihre Aufgaben sehr zügig und stets zu unserer vollsten Zufriedenheit« oder »Sie erledigte ihre Aufgaben stets sehr zügig und zu unserer vollsten Zufriedenheit«. Zwar erscheinen die beiden Sätze auf den ersten Blick in ihrer Aussage gleich, da aber die Zufriedenheitsformel ein so hohes Gewicht hat, kommt der Stellung des Zeitfaktors besondere Bedeutung zu. Im zweiten Satz könnte nämlich angenommen werden, dass sich »stets« nur auf die zügige Arbeitsweise und nicht auf die Zufriedenheit bezieht.

Um die grammatikalisch falsche Formulierung »vollsten« zu vermeiden, können Sie zahlreiche andere Formulierungen verwenden, die ebenfalls eine sehr gute Gesamtbewertung darstellen (→ Textbausteine).

>> TEXTBAUSTEINE Zufriedenheitsformel

SEHR GUT

- Mit ihren Leistungen stellte sie unsere Kunden/Auftraggeber und uns immer außerordentlich zufrieden.

- Er hat seine Aufgaben stets zu unserer vollsten Zufriedenheit erledigt.
- Seine Leistungen haben stets in jeder Hinsicht unsere volle Anerkennung gefunden.
- Sie hat unseren Erwartungen jederzeit in allerbester/hervorragender Weise entsprochen.

AUSREICHEND

- Er hat seine Aufgaben zu unserer Zufriedenheit erledigt.
- Sie hat unseren Erwartungen entsprochen.
- Mit seinen Arbeiten waren wir vorbehaltlos zufrieden.
- Ihre Arbeiten waren befriedigend.

MANGELHAFT

- Er hat seine Aufgaben erledigt.
- Mit ihren Leistungen waren wir im Großen und Ganzen/meist/in der Regel/weitgehend/größtenteils zufrieden.
- Er war bemüht, seine Aufgaben zufrieden stellend zu erledigen.
- Sie führte die übertragenen Aufgaben mit Fleiß und Interesse aus.
- Er zeigte Interesse für die übertragenen Aufgaben.
- Sie hatte die Gelegenheit, die ihr übertragenen Aufgaben zu erledigen.

Häufige Praxis ist, die Zufriedenheitsformel großzügig einzusetzen, um Auseinandersetzungen mit dem Arbeitnehmer möglichst zu vermeiden, diese gleichzeitig aber – für den ungeübten Leser schwieriger erkennbar – durch entsprechende Einzelbewertungen oder Schlussformulierungen wieder einzuschränken oder zu relativieren. Daher sollten Sie diese Formel nicht überbewerten und immer im Gesamtkontext betrachten.

Fehlt die obligatorische Zufriedenheitsformel völlig, entsteht unter Umständen der Eindruck, dass man sich auf eine konkrete und offene Gesamtbewertung lieber nicht einlassen wollte.

Immer hübsch artig –
die persönliche Führung

Ein qualifiziertes Zeugnis muss neben der Leistungsbeurteilung auch
eine Beurteilung der persönlichen Führung enthalten. Obwohl man
landläufig meist von der Verhaltensbeurteilung spricht, gehört hierzu
nicht nur das Verhalten gegenüber beziehungsweise das Verhältnis zu
Vorgesetzten, Kollegen oder Geschäftspartnern, sondern ebenso die
Bereiche Persönlichkeit und Sozialkompetenz. Die Bewertungen fallen
hier meist milder aus als bei der Leistungsbeurteilung und es werden
überwiegend sehr gute und gute Beurteilungen ausgesprochen. Dies
hat jedoch zur Folge, dass eine mittelmäßige Beurteilung letztlich
schon relativ schlecht ist und verhaltensbedingte Probleme andeutet.

Worauf Sie bei der Verhaltens-
formel achten sollten

Obwohl gerade den sozialen Kompetenzen bei der Personalauswahl
heute immer mehr Bedeutung beigemessen wird, spielt dieser Bereich
in Zeugnissen meist noch eine untergeordnete Rolle. Dies kommt
schon durch den im Verhältnis zur Leistungsbeurteilung üblicherweise sehr viel geringeren Umfang zum Ausdruck.

In der Regel besteht die Führungsbeurteilung aus der Verhaltensformel
(vom Stellenwert vergleichbar der Zufriedenheitsformel bei der Leistung) sowie ein bis zwei ergänzenden Sätzen. Manchmal beschränkt
man sich auch auf eine durch mehrere Eigenschaftsnennungen ausge-
schmückte Verhaltensformel. Es wirkt jedoch abwertend, wenn die
Führung extrem knapp, mit einem einzigen kurzen Satz abgetan wird
(Beispiel: »Sein Verhalten gegenüber Vorgesetzten und Kollegen war
einwandfrei.«).

Achten Sie deshalb darauf, Ihre Verhaltensbeurteilung nicht zu kurz zu gestalten, und vermitteln Sie dem Leser in aussagekräftigen Sätzen einen Eindruck von Ihrer Person. Die folgende Auflistung der wichtigsten sozialen Kompetenzen hilft Ihnen dabei: Hilfsbereitschaft, Höflichkeit, Freundlichkeit, Zuvorkommendheit, Verbindlichkeit, Sachlichkeit, Ausgeglichenheit, Aufgeschlossenheit, Kollegialität, Teamfähigkeit/Teamgeist, Kooperationsvermögen, Konstruktivität, Kommunikationsvermögen, diplomatisches Geschick, Durchsetzungsfähigkeit, Verantwortungsbewusstsein, Talent im Umgang mit Menschen (verschiedenster Hierarchieebenen), Kontaktfreudigkeit, sicheres/gewandtes Auftreten, gute Umgangsformen, gepflegte Erscheinung, Überzeugungskraft, Ehrlichkeit/Korrektheit, Loyalität, Diskretion/Verschwiegenheit, Vertrauenswürdigkeit, Integrität, optimistische/positive Einstellung.

Auch die Beurteilung der persönlichen Führung sollte einen Bezug zur Tätigkeitsbeschreibung haben. Waren Sie in führender Position tätig, sollte eine Bestätigung Ihrer Loyalität nicht fehlen. Darüber hinaus macht es sich in diesem Fall gut, wenn darauf hingewiesen wird, dass Sie jederzeit das absolute Vertrauen der Geschäftsleitung besaßen. Hatten Sie Zugang zu vertraulichen Daten und Informationen (zum Beispiel im Personalwesen, in der Buchhaltung, im Chefsekretariat oder in der Forschungsabteilung), sollte Ihnen in jedem Fall Diskretion oder Verschwiegenheit bescheinigt werden.

Ehrlichkeit gilt hingegen als Selbstverständlichkeit und ist nur bei Berufen mit besonderer Versuchung (Kassierer, Zimmermädchen etc.) explizit zu erwähnen, da ansonsten das genaue Gegenteil zum Ausdruck kommen kann. Handelt es sich bei Ihrer Tätigkeit um einen solchen Beruf, können Sie auch hinzufügen, dass lediglich »der Ordnung und Vollständigkeit halber« an dieser Stelle auf die Ehrlichkeit eingegangen wird. Ein solcher Zusatz schützt vor Missverständnissen beziehungsweise Fehlinterpretationen.

Vorsicht Falle!

Einige Eigenschaften lassen sich sowohl positiv als auch negativ auslegen. Ein »gesundes Selbstvertrauen« wird in einem Zeugnis sicherlich als ein Hinweis auf Wichtigtuerei und mangelndes Fachwissen verstanden werden. Ein »Mitarbeiter mit Prinzipien« steht für einen rechthaberischen, unflexiblen Arbeitnehmer und »anspruchsvoller und kritischer Mitarbeiter« heißt im Klartext: Nörgler. War der Mitarbeiter »in der Lage, seine eigenen Stärken und Schwächen realistisch einzuschätzen«, könnte dies andeuten, dass er zur Selbstüberschätzung neigte. War er dagegen »in der Lage, Kritik zu üben und gleichzeitig aber auch zu akzeptieren«, lässt dies darauf schließen, dass durchaus Kritik an ihm zu üben war. Ein »umgänglicher Mitarbeiter« ist ein schwieriger Mitarbeiter, den man lieber gehen als kommen sah, und eine »kommunikationsfreudige Mitarbeiterin« könnte als Tratschtante übersetzt werden. Bei einem »unauffälligen Mitarbeiter« wird der Leser vermutlich von einem Mitläufer mit geringer Persönlichkeit ausgehen und bei einem »ehrgeizigen Mitarbeiter« könnte man auf einen unangenehmen Streber mit stark ausgeprägten Ellenbogen schließen.

Internes und externes Verhalten

Um Fehlinterpretationen zu vermeiden, sollten Sie zwei Punkte besonders beachten. Zum einen muss in jedem Fall Ihr Verhalten gegenüber Vorgesetzten und Kollegen Erwähnung finden – waren Sie Führungskraft, auch das Verhalten gegenüber Ihren Mitarbeitern. Gehörten Kontakte zu Kunden, Lieferanten oder anderen Geschäftspartnern zu Ihren täglichen Aufgaben, sollte sich die Verhaltensbeurteilung darüber hinaus auch auf das externe Verhalten erstrecken. Wird eine Partei nicht genannt, signalisiert dies entsprechende Probleme.

Der zweite entscheidende Punkt ist die Reihenfolge. Die Nennung der Vorgesetzten nach den Kollegen gilt nämlich als lediglich befriedigende Beurteilung und signalisiert, dass das Verhältnis zu den Vorgesetzten nicht immer das beste war. Über die Frage, ob die Geschäftspartner an erster oder an letzter Stelle genannt werden, sind sich die Fachleute nicht ganz einig. Bei einer sehr extern orientierten Tätigkeit, interpretieren die einen die Nennung an erster Stelle als Ausdruck von Kunden- und Serviceorientierung, während die anderen dies als Andeutung mangelnder Loyalität verstehen.

Üblicherweise gelten negierte Negativbegriffe in der Zeugnissprache als Hinweis auf Kritik. Dies gilt jedoch nicht für den Begriff »einwandfrei« in der Verhaltensformel. Heißt es »Sein Verhalten gegenüber Vorgesetzten und Kollegen war stets einwandfrei«, entspricht dies einer sehr guten, mindestens aber guten Beurteilung.

>> TEXTBAUSTEINE Verhalten

SEHR GUT

- Herr… ist ein aufgeschlossener und kooperativer Mitarbeiter, der sich sehr gut in das Team integrierte. Sein Verhalten gegenüber Vorgesetzten, Kollegen und Kunden war immer vorbildlich/einwandfrei.

- Ihre Zusammenarbeit mit Vorgesetzten und Kollegen war jederzeit sehr gut. Unseren Geschäftspartnern und Kunden gegenüber trat sie stets sicher und gewandt auf. Unser Unternehmen wurde von ihr in vorbildlicher Weise repräsentiert.

- Aufgrund seiner sachlichen, konstruktiven Zusammenarbeit und seines kollegialen und konstruktiven Wesens war er gleichermaßen bei Vorgesetzten und Mitarbeitern stets sehr geschätzt/beliebt und anerkannt/respektiert. Auf seine Loyalität und Diskretion konnten wir uns jederzeit absolut verlassen.

- Wegen ihrer verbindlichen, kooperativen und hilfsbereiten Art war Frau… ihren Vorgesetzten eine wertvolle Stütze und den Kollegen eine geschätzte Partnerin. Sie hat große Freude am Umgang mit Kunden und Geschäftspartnern und erarbeitete sich mit einer stets sehr fachkundigen und zuvorkommenden Beratung eine hervorragende Kundenakzeptanz.

AUSREICHEND

- Sein Verhalten zu Vorgesetzten/Kollegen war einwandfrei.
- Ihre Führung war tadellos und gab zu Klagen keinen Anlass.
- Sie verhielt sich korrekt und kam mit allen zurecht.
- Die Zusammenarbeit mit Kollegen und Vorgesetzten war befriedigend.
- Ihr Auftreten war höflich und zufrieden stellend.

MANGELHAFT

- Sein persönliches Verhalten war insgesamt einwandfrei/tadellos.
- Er wurde als umgänglicher Kollege geschätzt.
- Verhalten und Höflichkeit waren kaum zu kritisieren.

Zu guter Letzt –
Schlussformulierungen

Den Schlussformulierungen wird heute eine große Bedeutung beigemessen, da aus ihnen sehr gut eine Gesamtbeurteilung abgeleitet werden kann. Sie bestätigen noch einmal voranstehende Leistungs- und Verhaltensbeurteilungen beziehungsweise geben Aufschluss über deren Glaubwürdigkeit. Der Fachmann wirft daher bei der Interpretation eines Zeugnisses in der Regel zuerst einen Blick auf diese Schlussformulierungen und lässt sich gewissermaßen auf das einstimmen, was ihn in den übrigen Passagen erwartet.

Die Beendigungsformel im Endzeugnis

Mit Beendigungsformel ist eine Aussage zu Kündigungsinitiative und -grund gemeint. Der Vollständigkeit halber sei an dieser Stelle erwähnt, dass diese Angaben nach geltendem Recht nicht zwingend im Zeugnis stehen müssen. Nur auf Wunsch des Mitarbeiters können hierzu Aussagen gemacht werden. Bei einer leistungs- oder verhaltensbedingten Kündigung soll der Mitarbeiter so nicht ungebührlich in seinem beruflichen Fortkommen behindert werden.

Um Fehlinterpretationen oder Spekulationen zu vermeiden, ist es für Sie aber meist vorteilhaft, wenn im Zeugnis zur Kündigung näher Stellung genommen wird. Denn in der Praxis interpretieren Personalfachleute ein Schweigen zu Kündigungsinitiative und -grund als eine arbeitgeberseitige Kündigung aufgrund erheblicher Leistungs- oder Verhaltensprobleme.

Erfährt der Leser hingegen, dass die Kündigung betriebsbedingt, zum Beispiel aufgrund von Konjunkturschwäche, Schließung der Abteilung/Niederlassung oder Umstrukturierungsmaßnahmen, erfolgte, wird sie sicherlich nicht negativ auf den Arbeitnehmer zurückfallen. Auch bei einer selbst initiierten Kündigung wird eine nähere Ausführung (zum Beispiel Wechsel in ein anderes Unternehmen, Übernahme einer weiterführenden Aufgabe, Umzug in eine andere Stadt …) die Angabe »auf eigenen Wunsch« glaubhaft untermauern.

Erfolgte die Kündigung »im gegenseitigen Einvernehmen« wird der Leser ebenfalls von einer arbeitgeberseitigen Kündigung (Aufhebungsvertrag) ausgehen. Etwas besser klingt die Formulierung »in bestem Einvernehmen«, die andeutet, dass man sich gütlich getrennt hat.

Der Formulierung »auf eigenen Wunsch« wird unter Umständen eine gewisse Skepsis entgegengebracht, insbesondere dann, wenn sie auf eine unterdurchschnittliche Leistungs- und/oder Verhaltensbeurteilung

3

folgt. Denn in vielen Zeugnissen wird sie wohlwollend eingesetzt, auch wenn dies gar nicht der Realität entspricht.

>> TEXTBAUSTEINE Beendigungsformel

KÜNDIGUNGSINITIATIVE UND -GRUND

- Herr… verlässt uns auf eigenen Wunsch, um in einem anderen Unternehmen eine weiterführende Aufgabe zu übernehmen.
- Da wir den Geschäftszweig… aufgeben und wir Frau… leider auch in keinem anderen Bereich eine adäquate Stelle anbieten konnten, mussten wir das Arbeitsverhältnis zum… beenden.
- Aus konjunkturellen Gründen sahen wir uns gezwungen, das Arbeitsverhältnis mit diesem guten Mitarbeiter unter Einhaltung der Sozialauswahl zum… zu kündigen.
- Das Arbeitsverhältnis von Herrn… endet am heutigen Tage im beiderseitigen besten Einvernehmen.
- Das Arbeitsverhältnis läuft zum Ende der Befristung aus. Wir bedauern sehr, Frau… keine Dauerbeschäftigung anbieten zu können.

Das Austrittsdatum

Oftmals wird im Zusammenhang mit der Beendigungsformel auch der Austrittstermin genannt, sofern in der Einleitung nur das Eintrittsdatum und nicht der Beschäftigungszeitraum angegeben wurde. Handelt es sich bei dem Austrittstermin um ein unerläutert »krummes« Datum (→ Seite 72), könnte hierin ein Hinweis auf eine fristlose Kündigung oder einen gerichtlichen Vergleich vermutet werden. Sie können jedoch eine solche Fehlinterpretation vermeiden, wenn Sie beispielsweise folgende Formulierung verwenden: »Frau… hat das Arbeitsverhältnis fristgerecht auf eigenen Wunsch gekündigt. Sie bat uns aber aufgrund des bevorstehenden Umzugs um eine vorzeitige Beendigung zum…«

Zeugnisinitiative und -grund im Zwischenzeugnis

Auch hier wird meist »auf eigenen Wunsch« angegeben, was jedoch ohne eine weitere Begründung nicht unbedingt glaubhaft ist. Gibt es eine plausible Begründung (wie zum Beispiel einen internen Stellenwechsel, den Wechsel des Vorgesetzten oder den Antritt der Elternzeit, des Wehrdienstes oder eines Studiums), sollten Sie dies auch vermerken. Denn machen Sie keine Angabe zur Zeugnisinitiative und zum Zeugnisgrund, bietet dies Raum für Spekulationen hinsichtlich einer bevorstehenden Kündigung und der Leser könnte annehmen, dass Sie weggelobt werden sollen.

Der Hinweis auf ein ungekündigtes Arbeitsverhältnis ist dagegen nicht erforderlich, da dies durch die Überschrift »Zwischenzeugnis« impliziert wird. Eine ausdrückliche Betonung könnte daher sogar kontraproduktiv wirken und womöglich Anlass zur Skepsis bieten.

>> TEXTBAUSTEINE Zwischenzeugnis

ZEUGNISINITIATIVE UND -GRUND

- Herr… erbat dieses Zwischenzeugnis anlässlich seiner Einberufung zum Wehrdienst.
- Frau… erhält dieses Zwischenzeugnis auf eigenen Wunsch anlässlich des Projektabschlusses/aufgrund des Wechsels ihres Vorgesetzten.
- Herr… wechselt zum… in die Abteilung… und bat aus diesem Grund um ein Zwischenzeugnis.

Dank und Bedauern

Heute darf in einem guten Zeugnis ein Dank für die erbrachten Leistungen und ein Bedauern über das Ausscheiden nicht fehlen. Dies gilt auch für ein Zwischenzeugnis, wobei in diesem Fall natürlich kein Ausscheiden bedauert werden kann. Es wirkt einfach seltsam, wenn die Leistung und das Verhalten des zu Beurteilenden erst gelobt, dann aber keinerlei Dank ausgesprochen und in keiner Weise bedauert wird, einen so guten Mitarbeiter zu verlieren. Daher führt eine solche Leerstelle in jedem Fall zu Abstrichen in der Gesamtbewertung und mindert unter Umständen sogar die Glaubwürdigkeit der vorangegangenen Belobigungen. Ein rechtlicher Anspruch auf derartige Dankes- und Bedauernsäußerungen besteht aber nicht! Alle Versuche von Arbeitnehmern, diese Floskeln einzuklagen, sind bisher gescheitert. Gerade deshalb wird ihnen eine so große Bedeutung beigemessen.

Nun ist Dank aber nicht gleich Dank, ebenso wie Lob nicht gleich Lob ist. Bei der so genannten Dankes-Bedauern-Formel gelten die gleichen Regeln hinsichtlich der Positivskala wie bei der Zufriedenheitsformel. Wird beispielsweise das Ausscheiden nur zurückhaltend bedauert, verbunden mit einem mäßigen Dank, ist von einem mittelmäßigen Zeugnis auszugehen (Beispiel: »Wir bedauern sein Ausscheiden und danken ihm für seine Mitarbeit«). Bedauert man das Ausscheiden in keiner oder in ironischer Weise oder wird nur sehr schwach gedankt – sofern nicht gänzlich auf eine Dankes-Bedauern-Formel verzichtet wurde –, ist von einer unterdurchschnittlichen Bewertung auszugehen (Beispiel: »Wir bedauern, auf seine Mitarbeit verzichten zu müssen.«).

Im Rahmen dieser Dankes-Bedauern-Formel, die übrigens nicht zwangsläufig in einem Satz formuliert sein muss, können Sie zusätzlich auch eine Empfehlung aussprechen, Verständnis für das Ausscheiden ausdrücken oder einen Wiedereinstellungswunsch äußern. Dies ist zwar keine gängige Praxis, aber in jedem Fall positiv einzuschätzen. Mögliche Formulierungen sind:

→ »Zugleich haben wir aber Verständnis dafür, dass er die ihm gebotene Chance nutzt.«

→ »Bei einer Besserung der Auftragslage würden wir ihn gern wieder beschäftigen.«

→ »Wir können Frau… fachlich und persönlich bestens empfehlen.«

>> TEXTBAUSTEINE Dank und Bedauern

SEHR GUT

- Wir bedauern sehr, dass Herr… aus betrieblichen Gründen zum… ausscheidet.
- Wir bedauern ihren Unternehmenswechsel außerordentlich und danken ihr für ihre stets ausgezeichneten Leistungen.
- Wir bedauern sehr, eine so exzellente Fach- und Führungskraft zu verlieren, und sind ihm für die vorbildliche Leitung seines Bereiches zu großem Dank verpflichtet.
- Für ihre äußerst engagierte und erfolgreiche Arbeit danken wir ihr und bedauern sehr, sie zu verlieren.

AUSREICHEND

- Wir bedanken uns für die Zusammenarbeit.
- Wir bedauern diesen Schritt.
- Wir bedauern diese Situation.
- Wir waren mit ihr zufrieden und danken.

MANGELHAFT

- Wir bedanken uns für sein stetes Streben nach einer guten Zusammenarbeit.
- Wir bedauern, auf seine weitere Mitarbeit verzichten zu müssen.
- Es erübrigt sich zu sagen, dass wir ihr danken und ihr Ausscheiden bedauern.
- Wir bedauern die Trennung, möchten uns dem Wunsch nach einer beruflichen Veränderung aber nicht in den Weg stellen.
- Wir danken ihm aus Anlass seines Ausscheidens.

Zukunftswünsche

Üblicherweise wird das Zeugnis – auch ein Zwischenzeugnis – mit guten Wünschen für die Zukunft beendet. Auch hier gibt es Abstufungen gemäß der Positivskala, wobei mangelhafte Zukunftswünsche in erster Linie durch Ironie oder Übertreibung zum Ausdruck gebracht werden. Teilweise werden die Zukunftswünsche auch dazu genutzt, Andeutungen über den Mitarbeiter zu machen. So werden zum Beispiel häufige Fehlzeiten angedeutet, indem man für die Zukunft nicht nur alles Gute, sondern auch Gesundheit wünscht. Oder man lässt einen Leistungsabfall durch die Formulierung »alles Gute und wieder Erfolg« durchblicken. Auch Erfolgswünsche ohne den wichtigen Zusatz »weiterhin« können als Hinweis darauf verstanden werden, dass man dem Mitarbeiter künftig den Erfolg wünscht, den er in der Vergangenheit nicht hatte.

>> TEXTBAUSTEINE Zukunftswünsche

SEHR GUT

- Wir wünschen ihm für seinen weiteren Berufs- und Lebensweg alles Gute und weiterhin viel Erfolg.
- Wir wünschen dieser tüchtigen Mitarbeiterin für ihre berufliche und private Zukunft alles Gute und weiterhin viel Erfolg.
- Wir wünschen Herrn … in jeder Hinsicht alles Gute und weiterhin unternehmerischen Erfolg.
- Wir wünschen Frau … für ihre weitere Karriere in unserem Hause alles Gute und weiterhin viel Erfolg. [Zwischenzeugnis]
- Wir wünschen ihm für seine Arbeit in unserem Unternehmen weiterhin viel Erfolg und auf seinem privaten Lebensweg alles Gute. [Zwischenzeugnis]
- … und hoffen, noch möglichst lange auf ihre wertvolle Mitarbeit in unserem Team zählen zu können. [Zwischenzeugnis]

- Wir hoffen, dass wir weiterhin auf die ausgezeichnete Unterstützung von… zählen dürfen. [Zwischenzeugnis]

GUT

- Wir wünschen ihr auf ihrem weiteren Berufs- und Lebensweg alles Gute.
- Wir wünschen ihm auch in der Zukunft beruflich wie persönlich viel Erfolg/gutes Gelingen.
- Wir wünschen ihr für die Zukunft alles Gute und freuen uns auf eine weiterhin gute Zusammenarbeit. [Zwischenzeugnis]

BEFRIEDIGEND

- Wir wünschen ihm für seine weitere Tätigkeit [bei uns] alles Gute.
- Wir wünschen ihr einen angenehmen Ruhestand.

AUSREICHEND

- Wir wünschen ihr alles Gute.
- Wir wünschen ihm alles Gute und wieder Erfolg.

MANGELHAFT

- Wir wünschen ihm für seinen weiteren Weg in einem anderen Unternehmen alles Gute.
- Wir wünschen ihr für die Zukunft alles nur erdenklich Gute.
- Unsere besten Wünsche begleiten ihn.
- Wir wünschen ihr alles Gute und vor allem Gesundheit. [= die Mitarbeiterin war häufig krank]
- Wir wünschen alles Gute, insbesondere auch/wieder Erfolg.
- Wir wünschen ihm für die Zukunft jedoch alles Gute.
- Wir wünschen ihm, dass er bei seiner neuen Tätigkeit seine Leistungsfähigkeit/seine vielfältigen Talente voll entfalten kann.
- Wir wünschen ihr für die berufliche Karriere in der Zukunft viel Erfolg.

Ausstellungsdatum und Unterschrift

Gemäß dem Urteil des LAG Bremen vom 23. 6. 89 ist ein Zeugnis im Normalfall auf den Tag der Erstellung zu datieren (→ Seite 30 f.) und muss vom Arbeitgeber oder einem beauftragten Vertreter unterschrieben werden. Die Unterschrift darf kein Faksimile sein. Zudem muss die Stellung des Unterzeichners aus dem Zeugnis ablesbar sein, sodass neben der Angabe des Namens in Maschinenschrift in der Regel auch die Angabe der Funktionsbezeichnung erforderlich ist. Ein Urteil des Bundesarbeitsgerichts aus dem Jahr 1993 sieht darüber hinaus vor, dass dem Zeugnis neben der Unterschrift ein Firmenstempel beizufügen ist. Dies ist jedoch keine gängige Praxis und meist nur dann zu finden, wenn der Arbeitgeber über kein gedrucktes Geschäftspapier verfügt.

Die Frage, wer das Zeugnis unterschreibt, ist nicht nur eine Formalie (→ Seite 12 f.), sondern spielt auch bei der Interpretation des Zeugnisses eine gewisse Rolle. Meist werden Zeugnisse vom direkten Vorgesetzten sowie vom Personalleiter unterschrieben. Dies erhöht die Glaubwürdigkeit, denn der Vorgesetzte ist derjenige, der den Mitarbeiter fachlich und persönlich am besten beurteilen kann, und der Personalleiter sorgt für eine korrekte Übersetzung in die Zeugnissprache.

Gleichzeitig sagen die Unterschriften aber auch etwas über die Wertschätzung des Arbeitnehmers aus. Wurde das Zeugnis beispielsweise vom Unternehmensinhaber, einem Vorstandsmitglied oder einem Geschäftsführer unterschrieben, bringt dies eine gewisse Wertschätzung zum Ausdruck. Umgekehrt ist die Unterschrift durch einen ranggleichen oder womöglich sogar rangniedrigeren Mitarbeiter als Herabwürdigung einzuschätzen (von der formalen Unzulässigkeit mal ganz abgesehen). Wurde das Zeugnis nur von Mitarbeitern der Personalstelle unterschrieben, wirkt dies distanziert.

Nicht nur korrekt,
sondern auch gut –
der Schreibstil

Nicht jedem ist es in die Wiege gelegt, brillant zu formulieren, trotzdem sollte ein solch wichtiges Dokument wie ein Arbeitszeugnis einem gewissen Anspruch gerecht werden. Auch wenn sich ein schlechter Schreibstil nicht direkt negativ auf die Beurteilung der Leistung oder des Verhaltens niederschlagen wird, so wirkt er insgesamt doch ein wenig abwertend. Achten Sie daher bei der Erstellung nicht nur auf Inhalt und Form, sondern auch auf die sprachliche Qualität.

Was Sie tun können

Die häufigsten Fehler bei der Formulierung eines Zeugnisses lassen sich relativ leicht vermeiden. Beherzigen Sie beim Schreiben einfach die folgenden Tipps und Hinweise:

→ Achten Sie darauf, dass Ihr Zeugnis keine Brüche im Textfluss aufweist. Denn diese lassen unter Umständen auf eine nachträgliche Änderung schließen.

→ Vermeiden Sie endlose Bandwurmsätze oder Verschachtelungen, die erst beim zweiten Lesen nachvollziehbar sind. Formulieren Sie aber auch nicht einsilbig und abgehackt.

→ Reihen Sie die Sätze nicht einfach aneinander, sondern schaffen Sie fließende Übergänge durch Verbindungswörter wie »darüber hinaus« oder »des Weiteren«.

→ Verzichten Sie auf die ständige Wiederholung einzelner Wörter. So ist es nicht besonders schön, wenn es in jedem Satz heißt »Herr X« oder »Frau Y«. Auch bei den Steigerungsformen gibt es für »stets«

oder »sehr« zahlreiche Formulierungsalternativen, die Sie stattdessen benützen können, und bei der Auswahl der Verben muss es nicht immer nur »ist/war« beziehungsweise »hat/hatte« heißen.

→ Achten Sie auch bei den Satzanfängen auf Abwechslung und beginnen Sie nicht jeden Satz mit »Frau X …« oder »Herr Y …«.

Formulierungsvariationen bei der Steigerungsform

Verwenden Sie neben »gut« und »sehr gut« auch alternative Steige-rungsformen, um Eintönigkeit zu vermeiden.

Für die Note 1 können dies sein: weit überdurchschnittlich, ein sehr hohes Maß an, höchster/größter, äußerst/außerordentlich/überaus, außerge-wöhnlich/überragend, hervorragend/ausgezeichnet, bestens/in bester Weise, mustergültig/erstklassig, vollkommen/absolut, exzellent/vor-bildlich/perfekt, sehr überzeugend, sehr ausgeprägt, auf sehr hohem/ höchstem Niveau, glänzend/großartig/sehr gekonnt, maßgeblich/weg-weisend/ausschlaggebend.

Die Note 2 wird durch folgende Formulierungen zum Ausdruck gebracht: überdurchschnittlich, ein hohes Maß an, hoch/groß, beachtlich/ besonders/beträchtlich, in jeder Hinsicht, fruchtbar, in guter/aner-kennenswerter Weise, auf hohem Niveau, bemerkenswert, wertvoll/ wirkungsvoll, überzeugend, ausgeprägt, hoch entwickelt, gekonnt.

Formulierungsvariationen beim Zeitfaktor

Auch der uneingeschränkte Zeitfaktor lässt sich in verschiedenen Variationen ausdrücken:

→ stets/immer/jederzeit

→ konstant/laufend/permanent/kontinuierlich/beständig

→ durchweg

→ während der gesamten Beschäftigungsdauer

→ zu jedem Zeitpunkt

Alternative Verben

Es gibt eine Vielzahl von Verben, mit denen Sie ein bisschen Farbe ins Zeugnis bringen können. Ersetzen Sie »er war« oder »er hat« hin und wieder mal durch eines der nachfolgenden Verben:

→ zeichnete sich durch … aus
→ beeindruckte durch …
→ fiel durch … auf
→ bewies/zeigte …
→ überzeugte durch …
→ (be)arbeitete/erledigte/leitete/handelte mit …
→ war geprägt durch …
→ besitzt die Gabe …
→ verfügte über …
→ beherrscht …

Satzanfänge

Folgende Beispiele zeigen, dass man nicht jeden Satz mit »Frau X …« oder »Herr Y …« beginnen lassen muss, sondern dass es auch ein wenig abwechslungsreicher geht:

→ »Sein Arbeitsstil war geprägt durch ein hohes Maß an Selbstständigkeit und Sorgfalt.«
→ »Ein ausgezeichnetes analytisches Denkvermögen und Verhandlungsgeschick gehören ebenso zu ihrem Qualifikationsprofil wie Ausdauer und Flexibilität.«
→ »Eine sehr systematische und zielstrebige Arbeitsweise zeichnen Herrn Y ebenso aus wie absolute Termintreue und Zuverlässigkeit.«
→ »Wir lernten Frau X als eine außerordentlich belastbare Mitarbeiterin kennen, die auch unter Druck stets ausgezeichnete Ergebnisse erzielte.«
→ »Aufgrund/Dank seiner guten Auffassungsgabe konnte er sich sehr schnell in sein Aufgabengebiet einarbeiten.«

Elektronische Helfer –
Zeugnissoftware

Längst gibt es auch für die Zeugniserstellung Softwareprodukte, die einem die Arbeit erleichtern sollen – oder sogar fast vollständig abnehmen, wie manche Anbieter vollmundig anpreisen. So würden ein paar Mausklicks genügen und schon hält man das fertige Zeugnis in Händen. Doch kann ein Softwareprogramm dies wirklich leisten?

Was Zeugnisprogramme leisten

Zunächst einmal sind zwei Produkte voneinander zu unterscheiden: Softwareprogramme und Onlinedienste. Letztere bieten im Internet die Zeugniserstellung über so genannte Zeugnis-Generatoren an. Sie zahlen hierfür in der Regel pro erstelltem Zeugnisentwurf zwischen 0 und 20 Euro. Ähnliche Softwareprogramme bietet der Handel zum Kauf an, wobei die Preisunterschiede erheblich sind.

Allen Online- und Offline-Programmen gemeinsam ist eine einfache und komfortable Bedienung. Der Nutzer hat bei den billigeren Produkten allerdings meist nur wenig Einfluss auf die Gestaltung. So wird manchmal nicht nach Zeugnisart und Berufsgruppe (Arbeiter, Angestellter, Führungskraft) unterschieden, was dazu führen kann, dass das Zeugnis einer langjährigen Führungskraft dann im Ergebnis dem eines Lagerarbeiters gleicht. Auch können bei Billigprodukten in der Regel individuelle Gegebenheiten hinsichtlich des Austritts (wer hat gekündigt und warum) nicht berücksichtigt werden. Vor allem aber ist die Anzahl der hinterlegten Textbausteine oftmals völlig unzureichend und es kann in den meisten Fällen nicht einmal darauf vertraut werden, dass die angezeigten Textbausteine auch wirklich die gewünschte Note widerspiegeln. Es gibt aber auch hervorragende Produkte, die sehr gut zur Zeugniserstellung geeignet sind. Diese rangieren dann aber meist im oberen Preissegment.

Fazit: Generell spricht nichts dagegen, sich die Arbeit bei der Zeugniserstellung durch den Einsatz eines guten Onlinedienstes oder Softwareprogramms zu erleichtern. Aufgrund der Kosten für ein solches Programm lohnt sich die Anschaffung für die einmalige Erstellung eines Zeugnisses jedoch nicht. Auch sollte man nicht glauben, dass sich mit einem solchen Programm – egal ob on- oder offline – ein vernünftiges Zeugnis in ein paar Minuten oder mit nur ein paar Mausklicks erstellen lässt. Dies ist genauso wenig der Fall, wie es grundlegende Kenntnisse der Zeugnissprache ersetzen kann.

Die Anwendung in der Praxis

Wenn Sie eine Zeugnissoftware verwenden, sollten Sie unbedingt folgende Punkte beachten:

→ Gehen Sie bei der Auswahl der Bausteine sehr sorgfältig und sachkritisch vor. Vertrauen Sie nicht blind darauf, dass die Bausteine auch tatsächlich der gewünschten Notenstufe entsprechen!

→ Achten Sie bei der Auswahl der Bausteine nicht nur darauf, dass sie sich gut anhören, sondern dass sie auch auf Sie zutreffen und zu Ihrer Tätigkeit passen. Nehmen Sie gegebenenfalls Änderungen vor.

→ Achten Sie auf Individualität – insbesondere bei der Beschreibung des Arbeitserfolgs. Ergänzen oder konkretisieren Sie pauschale Aussagen durch individuelle Hinzufügungen. Je mehr der Leser den Eindruck erhält, dass in dem Zeugnis wirklich von Ihnen gesprochen wird, umso mehr Glauben wird er den einzelnen Aussagen schenken.

→ Nehmen Sie zuletzt noch einen Feinschliff hinsichtlich der sprachlichen Übergänge zwischen den einzelnen Bausteinen vor, sodass sich der Text flüssig liest und nicht wie eine lieblose Aneinanderreihung von Sätzen wirkt.

Ausbildungszeugnis

Frau Sophie Weiß, geboren am 28.02.1984 in Hamburg, absolvierte in unserem Haus erfolgreich eine Ausbildung zur Reiseverkehrskauffrau.

Sie erhielt eine sorgfältige Unterweisung im in- und ausländischen Eisenbahnverkehr, einschließlich der Reservierung über START. Darüber hinaus erlernte sie den Verkauf von Busfahrscheinen, die Buchung von Fährplätzen sowie die Ausstellung von DER-Schiffstickets. Ein weiterer Schwerpunkt ihrer Ausbildung lag im Bereich der vermittelnden Touristik. Hier erhielt sie umfassende Einblicke in die Abläufe von pauschalen Reiseveranstaltungen, erlernte das Reservieren und Ausstellen von Hotel- und Mietwagengutscheinen sowie den Abschluss von Reiseversicherungen. Des Weiteren wurden ihr Kenntnisse über weltweite Flugtarife und das Erstellen von Flugscheinen vermittelt.

Die ihr gebotenen Ausbildungsmöglichkeiten hat Frau Weiß stets in bester Weise genutzt und beherrscht ihren Beruf nunmehr sicher und souverän. Sie war eine außerordentlich interessierte, lernbereite und einsatzfreudige Auszubildende, der es dank ihrer sehr guten Auffassungsgabe leicht fiel, Zusammenhänge zu erkennen und sich in anspruchsvolle Aufgabengebiete einzuarbeiten.

Frau Weiß war absolut zuverlässig und arbeitete immer sehr umsichtig und konzentriert. Ihre ausgeprägten kommunikativen Fähigkeiten konnte sie gewinnbringend in der Kundenberatung einsetzen. Mit ihren Leistungen waren wir sowohl in qualitativer wie quantitativer Hinsicht stets äußerst zufrieden.

Das Verhalten von Frau Weiß gegenüber Vorgesetzten, Kollegen und Kunden war zu jeder Zeit einwandfrei. Sie fügte sich sehr gut in das Team ein und ging auf Kunden aufgeschlossen, höflich und freundlich zu.

Frau Weiß hat am 05. 07. 2005 die Abschlussprüfung vor der Handelskammer Hamburg mit hervorragendem Ergebnis abgelegt und scheidet mit diesem Tag auf eigenen Wunsch aus. Wir bedauern dies sehr, denn wir hätten sie gern in ein Angestelltenverhältnis übernommen. Für ihren weiteren Berufs- und Lebensweg wünschen wir ihr alles Gute, verbunden mit unserem Dank für ihre sehr engagierte und angenehme Mitarbeit.

Ort, Datum, Unterschrift(en)

Endzeugnis

Herr Ralf Naumann, geboren am 13. Februar 1969 in Hannover, trat am 01. Januar 2000 in unser Unternehmen ein und wurde als Techniker im Bereich Gebäudeautomation eingesetzt.

Zu seinem Aufgabengebiet gehörten im Wesentlichen:
- *Projektierung und Durchführung von Kundenaufträgen*
- *Kundenberatung und Erarbeitung individueller Problemlösungen*
- *Kostenkalkulation und Angebotserstellung*
- *Montage von elektronischen Bauteilen sowie Steuer- und Bedientableaus*
- *Termin- und Qualitätsüberwachung*
- *Assistenz bei Anlageninbetriebnahmen*
- *Dokumentationserstellung*

Herr Naumann beherrschte seinen Arbeitsbereich stets umfassend, sicher und vollkommen. Er verfügt über ein exzellentes Fachwissen, das er beständig auf dem neuesten Stand hielt. Er hatte die Fähigkeit, komplexe und diffizile Sachverhalte rasch zu erfassen, und überzeugte mit praktikablen, gut durchdachten

Problemlösungen. Seine Arbeitsweise zeichnete sich durch absolute Selbstständigkeit, Sorgfalt und Genauigkeit aus. Er erledigte seine Aufgaben sehr zielstrebig und zuverlässig stets zu unserer vollsten Zufriedenheit.

Sein Verhalten zu Vorgesetzten und Kollegen war außerordentlich kooperativ, konstruktiv und stets einwandfrei. Er trug maßgeblich zu einer guten und effizienten Teamarbeit bei. Auch unsere Auftraggeber schätzten ihn sehr als kompetenten und zuvorkommenden Gesprächspartner.

Herr Naumann verlässt uns auf eigenen Wunsch zum 31. Juli 2005, um in einem anderen Unternehmen eine leitende Position zu übernehmen. Wir bedauern sein Ausscheiden sehr und danken ihm für sein weit überdurchschnittliches Engagement und seine ausgezeichneten Leistungen. Für seinen weiteren Berufs- und Lebensweg wünschen wir ihm alles Gute und weiterhin viel Erfolg.

Ort, Datum, Unterschrift(en)
_____

Z w i s c h e n z e u g n i s

Herr Martin Sander, geboren am 23. 04. 1958 in Düsseldorf, ist seit dem 01. 10. 1998 als Leiter der Filiale Duvenstedt der Hamburger Sparkasse tätig.

Die Schwerpunkte seines Verantwortungsbereiches liegen vor allem in der eigenverantwortlichen Erledigung folgender Aufgaben:
- *Verantwortung für das Filialergebnis, der Qualitätssicherung sowie der Umsetzung von geschäftspolitischen Zielen*
- *Ausbau der Marktanteile im PK-Geschäft durch Erzielung langfristiger Kundenverbindungen*

- *Ausbau des Holgeschäfts mit den Privatkunden sowie Organisation und Bestandssicherung im Bringgeschäft*
- *Entwicklung von Individual- und Firmenkunden sowie Sicherstellung von deren Überleitung in das Individual- und Firmenkunden-Center*
- *Verantwortung für die Potenzialausschöpfung im Teilmarkt und die Akquisition von Neukunden*
- *Mitwirkung bei der Erarbeitung und Einleitung von verkaufsfördernden Maßnahmen sowie deren Erfolgskontrolle*
- *Ganzheitliche, abschlussorientierte und aktive Betreuung der Filialkunden*
- *Herstellung einer hohen Kundenzufriedenheit und Sicherstellung eines positiven Erscheinungsbildes unseres Unternehmens in der Öffentlichkeit*
- *Mitarbeiterführung durch Zielvereinbarung sowie Mitarbeitermotivation und -entwicklung*
- *Personalplanung und -einsatz sowie Personalverwaltung*

Herr Sander identifiziert sich stets in vorbildlicher Weise mit der übernommenen Verantwortung und realisiert sehr beharrlich und erfolgreich die selbst gesetzten sowie die vereinbarten Ziele. Verhandlungsgeschick und Durchsetzungsvermögen gehören dabei ebenso zu seinem Qualifikationsprofil wie Organisationstalent und ein sehr gutes Zahlenverständnis. Darüber hinaus verfügt Herr Sander über exzellente Fachkenntnisse, die er durch die Teilnahme an in- und externen Seminaren und Lehrgängen beständig erweiterte. Er zeichnet sich durch ein hohes Maß an Belastbarkeit, Entscheidungsfreude und Kostenbewusstsein aus und überzeugte durch ein sehr gutes analytisch-konzeptionelles und zugleich pragmatisches Urteils- und Denkvermögen. Von Konditionen und Kompetenzen macht er jederzeit sehr umsichtig und verantwortungsbewusst Gebrauch.

Mit einem sicheren Blick für das Wichtige und Wesentliche arbeitet Herr Sander sehr planvoll, methodisch und gründlich. Durch einen zielstrebigen Ausbau der Geschäftsverbindungen erzielt er stets sehr gute Filialergebnisse. Mit seinen Leistungen sind wir immer außerordentlich zufrieden.

Herr Sander trägt Personal- und Führungsverantwortung für insgesamt 9 Mit-arbeiter, die er mit einer fach- und personenbezogenen Führung zu vollem Ein-satz motiviert. Er versteht es, Teamgeist zu wecken, informiert seine Mitarbei-ter stets umfassend, fördert deren Weiterbildung, delegiert angemessen Aufgaben und Verantwortung und schafft somit Spielraum für eigenverant-wortliches kundenorientiertes Verhalten.

Wegen seines Kooperationsvermögens, seiner Vertrauenswürdigkeit und sei-ner verbindlichen, aber bestimmten Art ist er bei Vorgesetzten, Kollegen und Mitarbeitern gleichermaßen sehr geschätzt und beliebt. Bei unserer an-spruchsvollen Kundschaft genießt er wegen seiner hohen fachlichen Kompe-tenz, seiner überzeugenden Beratung und aktiven Betreuung stets sehr hohes Ansehen.

Dieses Zwischenzeugnis erstellen wir auf Wunsch von Herrn Sander, der auf-grund seiner ausgezeichneten Leistungen ab dem 01.07.2005 eine größere Fili-ale übernehmen wird. Wir danken ihm für die jederzeit sehr angenehme und produktive Zusammenarbeit und wünschen ihm für seinen weiteren Karriere-weg in unserem Hause alles Gute und weiterhin viel Erfolg.

Ort, Datum, Unterschrift(en)

Z w i s c h e n z e u g n i s

Frau Birgit Eichberg, geboren am 02. Juni 1968 in Stade, ist seit dem 01. Juni 2002 als Heilpädagogin in der Tagesbildungsstätte der Lebenshilfe Buxtehude beschäftigt.

Die Tagesbildungsstätte ist eine nach dem niedersächsischen Schulgesetz anerkannte schulische Einrichtung für geistig und mehrfach behinderte Kinder und Jugendliche. Seit 1996 gibt es Kooperationsklassen, in denen der gemeinsame Unterricht zwischen behinderten und nicht behinderten Schülern im Vordergrund steht. Die Betreuung und Förderung der Schüler gestaltet sich auf zwei Ebenen: Am Vormittag findet vorwiegend gemeinsamer Unterricht mit den entsprechenden Differenzierungsmaßnahmen statt. Nach dem Mittagessen erhalten die behinderten Schüler ergänzende Förderangebote und Unterstützung bei den Hausaufgaben. Sprachtherapie, Schwimmen und Motopädie gehören ebenfalls zum Stundenplan.

Frau Eichberg war in einer dieser Kooperationsklassen an der Grundschule Rotkäppchenweg tätig. Diese wurde im Schuljahr 2002/2003 als erste Klasse mit 18 nicht behinderten und 6 behinderten, ganztätig betreuten Schülern der Tagesbildungsstätte neu eingerichtet. Frau Eichberg sorgte für die Einrichtung und Ausstattung des Klassenraumes und nahm schon vor Beginn ihrer Tätigkeit Kontakt zu den Kindern auf, die in dieser Klasse eingeschult werden sollten, indem sie diese in ihren Kindergärten besuchte. Neben dem eigentlichen Unterricht und der Durchführung der verschiedenen Förderangebote übernahm Frau Eichberg auch die notwendigen schriftlichen Arbeiten wie Entwicklungsberichte und Zeugnisse. Sie beteiligte sich an der Planung und Durchführung von Veranstaltungen der Grundschule und der Lebenshilfe und war maßgeblich an der Planung und Durchführung der jährlichen Klassenreise beteiligt. Darüber hinaus stellte die Elternarbeit einen wichtigen Bestandteil ihres Aufgabengebietes dar. Sie nahm Hausbesuche vor und führte Elternabende sowie Sprechtage durch.

Frau Eichberg förderte die Schüler gezielt in allen Lern- und Entwicklungsbereichen, in lebenspraktischen Dingen, in der Wahrnehmung und Motorik sowie in der Ausbildung sozialer Kompetenzen. Ihr Unterricht war stets sehr sorgfältig vorbereitet, abwechslungsreich gestaltet sowie didaktisch und methodisch sehr gut durchdacht.

SERVICE

Sie brachte viele gute Ideen und Vorschläge in ihre pädagogische Arbeit ein und schuf stets eine angenehme Lernatmosphäre. Aufgrund ihrer ausgezeichneten Fachkompetenz und ihres Einfühlungsvermögens gelang es ihr sehr schnell, sich auf die Schüler und ihre Eltern einzustellen. Sie war in der Lage ein gutes, vertrauensvolles Verhältnis aufzubauen und erzielte mit den Schülern bedeutsame Lernfortschritte. Sie verstand es in sehr guter Weise, sie zu einer aktiven Teilnahme am Unterricht zu motivieren, und verfügt über eine gute Beobachtungsgabe und ein sicheres Urteilsvermögen.

Frau Eichberg war eine äußerst zuverlässige, belastbare und verantwortungsbewusste Mitarbeiterin, die ihre Aufgaben mit sehr viel Eigeninitiative und Einsatzfreude ausführte. Ihre Leistungen fanden stets in jeder Hinsicht unsere volle Anerkennung.

Die Unterrichtsgestaltung erfolgte kooperativ und teamorientiert in Zusammenarbeit mit den Kollegen der Klasse (einer Sozialpädagogin und einem Zivildienstleistenden). Ihr Verhalten gegenüber der Schulleitung und dem Kollegium sowie Schülern und Eltern war jederzeit loyal und vorbildlich.

Dieses Zwischenzeugnis erstellen wir anlässlich der am 13. März 2005 beginnenden Elternzeit von Frau Eichberg. Wir möchten ihr bei dieser Gelegenheit für die jederzeit sehr gute Zusammenarbeit danken und hoffen sehr, dass sie im Anschluss wieder bei uns tätig sein wird. Für ihre persönliche Zukunft wünschen wir ihr alles Gute.

Ort, Datum, Unterschrift(en)

124

Kontaktadressen der Autoren

Manfred Beden
Hille/Beden
Gothaer Allee 2
50969 Köln
Tel.: 02 21/ 9 36 46 70
Fax: 02 21/ 93 64 67 88
www.hille-beden.de

Verena Janßen
VEJA Zeugnisberatung
Kerschensteinerstr. 19
21073 Hamburg
Tel.: 0 40/7 90 76 99
Fax: 0 40/7 90 97 17

Internetadressen, die weiterhelfen

www.anwaltsauskunft.de
www.marktplatz-recht.de
Diese Websites helfen Ihnen bei der Anwaltssuche. Achtung: Nicht alle Anwälte sind in diesen Verzeichnissen eingetragen! Sie können sich auch bei der für Ihre Region zuständigen Anwaltskammer oder dem örtlichen Anwaltsverein einen Anwalt nennen lassen. Kontakt zu Ihrer Anwaltskammer erhalten Sie über die Auskunft oder über die Bundesrechtsanwaltskammer (www.brak.de).

www.arbeitsrecht.de
Internetportal zum Thema Arbeitsrecht.

www.azuro-muenchen.de
Das azuro Ausbildungs-Zukunftsbüro bietet kostenlose Beratung bei allen sozial- und arbeitsrechtlichen Problemen, die im Verlauf der Berufsausbildung auftreten können.

www.bewerbungsbuero.com
Professionelle Hilfe rund um die Bewerbung. Bewerbungsvorlagen im PDF- und Word-Format zum Herunterladen.

www.bma.de
Die Website des Bundesministeriums für Wirtschaft und Arbeit bietet eine umfangreiche Sammlung von Gesetzen und Verordnungen aus dessen Politikbereich.

www.bundesarbeitsgericht.de
Alle Entscheidungen des Bundesarbeitsgerichts der letzten vier Jahre sowie dessen Pressemitteilungen.

www.jobpilot.de
Stellenangebot und Karriere-Journal.

www.monster.de
Das weltweit größte Karrierenetzwerk.

www.zeugnisberatung.de
VEJA-Zeugnisberatung
Tel.: 0 40/7 90 76 99
Fax: 040 / 790 97 17
Deutschlands erster Beratungs- und Interpretationsservice für Arbeitszeugnisse.

Bücher, die weiterhelfen

Arnscheid, Rüdiger/Hartenstein, Martin/Härter, Gitte/Jähnchen, Patrick/Öttl, Christine/Thieme, Ursula: *Bewerbung.* Gräfe und Unzer Verlag, München

Huber, Günter: *Das Arbeitszeugnis in Recht und Praxis.* Haufe Verlag, Planegg

Jähnchen, Patrick: *Vorstellungsgespräche.* Gräfe und Unzer Verlag, München

Knobbe, Thorsten/Leis, Mario: *Arbeitszeugnisse.* Gräfe und Unzer Verlag, München

Kraemer-Schwinn, Ulrike/Stader, Wolfgang: *Bewerbungs-Trainer.* Gräfe und Unzer Verlag, München

List, Karl-Heinz: *Arbeitszeugnisse für Führungskräfte.* Walhalla Verlag, Regensburg

Öttl, Christine/Härter, Gitte: *Vorstellungsgespräche.* Gräfe und Unzer Verlag, München

Öttl, Christine/Härter, Gitte: *Schriftliche Bewerbung.* Gräfe und Unzer Verlag, München

Thieme, Ursula: *Bewerben.* Gräfe und Unzer Verlag, München

Register

GU Leben & Lernen

→ Einfach mehr Glück und Erfolg

Impressum

© 2006 GRÄFE UND UNZER VERLAG GmbH, München.
Alle Rechte vorbehalten. Nachdruck, auch auszugsweise, sowie Verbreitung durch Film, Funk, Fernsehen und Internet, durch fotomechanische Wiedergabe, Tonträger und Datenverarbeitungssysteme jeder Art nur mit schriftlicher Genehmigung des Verlages.

Programmleitung:
Steffen Haselbach
Leitende Redaktion:
Anita Zellner
Redaktion:
Esther Szolnoki
Lektorat:
Andreas Kobschätzky
Umschlag und Gestaltung:
indepedent Medien-Design
Titelillustration:
indepedet Medien-Design
Herstellung:
Bettina Häfele
Satz:
Uhl + Massopust, Aalen
Repro:
Fotolitho Longo, Bozen
Druck und Bindung:
Kaufmann, Lahr

Umwelthinweis
Dieses Buch wurde auf chlorfrei gebleichtem Papier gedruckt. Um Rohstoffe zu sparen, haben wir auf Folienverpackung verzichtet.

ISBN (10)
3-7742-8850-X
ISBN (13)
978-3-7742-8850-8
Auflage 5. 4. 3. 2. 1.
Jahr   10 09 08 07 06

Wichtiger Hinweis

Das Original mit Garantie

Ihre Meinung ist uns wichtig. Deshalb möchten wir Ihre Kritik, gerne aber auch Ihr Lob erfahren. Um als führender Ratgeberverlag für Sie noch besser zu werden. Darum: Schreiben Sie uns! Wir freuen uns auf Ihre Post und wünschen Ihnen viel Spaß mit Ihrem GU-Ratgeber.

Unsere Garantie: Sollte ein GU-Ratgeber einmal einen Fehler enthalten, schicken Sie uns das Buch mit einem kleinen Hinweis und der Quittung innerhalb von sechs Monaten nach dem Kauf zurück. Wir tauschen Ihnen den GU-Ratgeber gegen einen anderen zum gleichen oder zu einem ähnlichen Thema um.

GRÄFE UND UNZER VERLAG
Redaktion Leben & Lernen
Postfach 86 03 25
81630 München
Fax: 089/41981-113
E-Mail: leserservice@ graefe-und-unzer.de

GRÄFE UND UNZER

Ein Unternehmen der
GANSKE VERLAGSGRUPPE